建筑
表现技法

EXPRESSION
TECHNIQUES OF ARCHITECTURE DESIGN

手绘基础　　　　　平面图与效果图空间转换
配景画法　　　　　建筑上色画法
建筑线稿画法　　　建筑快速设计方法及表现

主编/刘寒芳　副主编/吴瑞

中国建筑工业出版社

前言

建筑表现技法是高等学校建筑学专业、城乡规划专业和环境艺术设计专业的一门必修课程。本书以全国高等学校建筑学专业指导委员会颁发的专业培养目标为依据，以手绘技法讲授为主，结合建筑快题设计训练，快速培养、提高学生的建筑表现能力，同时书中收录了多个院校建筑设计专业近年的考研试题，对学生完成的设计例图进行了分析点评，尽可能地做到深入浅出、通俗易懂和图文并茂，使学生能够从手绘基础练习逐步提升到快题成图表现，为今后参加工作或进一步考研深造打下坚实的基础。

本书可作为全日制高等学校的建筑学、城乡规划、环境艺术设计等专业的建筑表现课、建筑快题设计课教材，也可作为学生考研、参加工作笔试的辅导用书。

本书参编人员：韩盛华、刘进军、杜建锋、王明安。

值此书稿付梓之际，谨向所有参与编著的老师表达衷心感谢。

目录

第 1 章　总论

1.1 建筑快题设计概述

1.1.1 什么是"建筑快题设计"

根据所提供的场地和设计要求，在较短的时间内完成建筑方案设计，提交包括设计构思、平面图、立面图、剖面图、透视图等设计图纸的过程称为建筑快题设计。要求设计者能够在较短的时间内合理地利用场地，做到功能分区明确，交通流线便捷，建筑造型新颖，设计构思巧妙。

建筑快题设计的能力能够清晰地反映出一位建筑师的执业能力，因此在建筑学专业研究生考试、设计单位招聘考试以及注册建筑师执业考试中，建筑快题设计是必考的内容。快题设计时间一般有 3 小时、6 小时、8 小时等，一般多采用 6 小时快题设计。

1.1.2 基本的评价标准

评阅人会把所有考卷并列排开，对所有考卷整体浏览并作出大致分档，分别为良好、一般、不及格，比例为 2：3：5。这意味着一半左右的考卷将在这一过程被剔除掉并且没有"起死回生"的可能。像伍重的悉尼歌剧院那种已经被扔进垃圾堆又捡回来被选中的情况几乎不可能在这里发生。再经过评审，挑出可评为"良好"的作业，余下的被归入"一般"。"良好"当中特别出类拔萃的被定为"优秀"。

1.1.3 快速设计的表现

评图时每张图被关注的时间很短：长不过 1、2 分钟，短的只有几秒钟。而且作业是被对比着评价的，如果不能在别人作业的包围中突出出来，也很可能被淘汰。需要注意的是，突出要有度，要突出好的方面。第一轮容易被淘汰的作业：苍白、杂乱、构图失调、粗糙、严重缺图、违规等。苍白是指图面过于平淡、暗淡，像没画什么内容一样，用笔过轻、缺乏力度。构图失调主要是排版问题：过挤或过松，留白过多。粗糙：给人不会画图的感觉。严重缺图：缺失了任务书所要求的图和其他内容。严重违规：①图纸规格与题目要求不符，大小规格不统一；②图纸比例与任务书要求不符；③不按要求落款，出现与设计内容不相符的特殊记号或奇怪符号，规定不能写姓名的地方写了姓名的视同作弊；④其他。题目中要求："将个人学籍号写于图纸右上角不大于 9cm×5cm（宽 × 高）的方框内！"这是为了密封阅卷的要求。部分同学就因为落款超出了规定范围导致成绩为零。因此，学生务必要克服上述这些问题。类似这种违规，只要仔细看题按要求去做就不会有问题。构图失调，可以通过加强排版练习来解决，先把所要求的各种图作成简单的"纸样"在图纸上摆一摆，然后再正式画。而苍白、杂乱、粗糙等问题是与画图基本功和画图习惯相关的，必须通过不断画图来解决。在短时间内，只要肯下功夫是可以找到一条扬长避短的路，让作业看起来达到较高的水平，这也是我们这本书要重点训练和提示大家的。

避免被第一轮淘汰后还要做到脱颖而出。脱颖而出的设计具有如下特点：干净、丰富、有层次、重点突出。最重要的是，要高于出题人和评图人的期待值。做设计，图面不能"脏"，要干净、整洁。丰富就是要内容多、信息量大、工作量大，同样时间内你比别人多画 1000 根线条，没有功劳也有苦劳。有层次就是画面不呆板，线条、色彩、表达有层次。重点突出图面的视觉中心，有吸引视线的地方，不平淡。丰富而不杂乱，有节制不夸张。所谓高于期待值，有相对和绝对之分，相对的高是指鹤立鸡群，在一堆平淡的图中脱颖而出，绝对的高，是比较理想的状态亦是真正的高水平。部分学生的画图水平其实是高于评图人的，而评图人希望看到令人眼前一亮的设计。

1.2　手绘在设计中的重要性

手绘是应用于各个行业手工绘制图案的技术手法，设计类手绘主要包括前期构思设计方案的研究型手绘和设计成果部分的表现型手绘，前期部分被称为草图，成果部分被称为表现图或者效果图。

在建筑快题设计中，手绘自然就成了表达设计的手段。思维产生设计，设计由表现来推动和深化，手绘表现是描述建筑体块、外观形象更为形象直白的语言形式。它在设计程序中对创意方案的推导和完善起着不可替代的重要作用，是沟通与交流设计思想最便利的方法和手段，人可以通过手绘表现的便利通道来认识设计的本质内容和主旨思想。

一个手绘功底不好的设计师无异于一个文采很好的哑巴不会写字。

设计是表现的目的，表现为设计所派生，脱离设计谈表现，表现便成了无源之水、无本之木。但同时，成熟的设计也伴随着表现而产生，两者相辅相成，互为因果。手绘表现是判断把握环境物象的空间、形态、材质、色彩特征的心理体验过程，是感受形态的尺度与比例、材质的特征与表象、色彩的统一与丰富的有效方法，是在设计理性、直觉感悟、艺术表现的嬗变过程中对创意方案的美学释义。手绘表现因继承和发展了绘画艺术的技巧和方法，所以产生的艺术效果和风格便带有纯然的艺术气质，其手法的随意自由性确立了手绘表现在快速表达设计方案和记录创意灵感上的优势和地位。

学习手绘最重要的就是要打好基本功，特别是初学者，切记要端正态度，很多的设计灵感是在手绘勾勒草图的过程中获得的。可以说，一个手绘达人却不一定会做设计，但是每一个建筑大师肯定都是一个手绘高手。

很多同学都应该经历过，最痛苦的事情莫过于你有了很好的想法，想了很多的方案，却表达不出来。

作为一个未来的设计师，学好手绘显然就势在必行了！

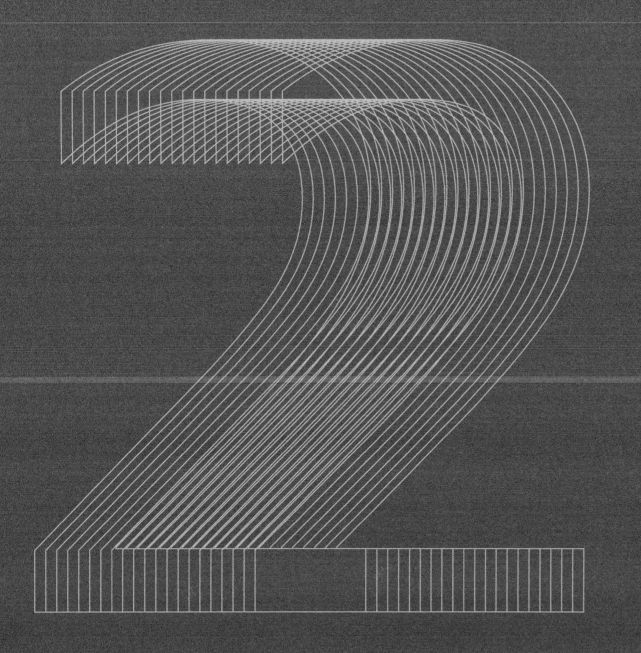

第 2 章　手绘基础

2.1　工具介绍

"工欲善其事，必先利其器。"

　　建筑快题设计作为规范的绘图设计需要诸多的特殊材料和辅助工具。只有工具和材料准备齐全，绘图时才能有如神助。使用不同的材料和工具能够达到不同的效果，不见得贵的就一定好，只有适合自己的才是最好的。一定要认真对待平时的训练，以考试的标准来要求自己，切勿将就凑合。工具的选择也是这样，大部分学校要求考试时自带工具和材料，所以用最熟悉的工具才能发挥出最好的绘图水平，避免因使用不熟悉的工具而出现不必要的失分。

　　要想表现出一幅成功的快题，前期的准备必不可少，以下就是手绘中常用的一些工具。

　　复印纸可作为平时的上色练习。大部分院校采用 A1 或 A2 绘图纸作为快题设计用纸，纸面较厚，质地均匀，显色真实。硫酸纸和草图纸具有半透明的特点，可以将建筑的不同层数平面图对应起来画，缺点是不适合多层颜色的叠加和反复涂画。

　　铅笔一般用于草图构思和效果图起稿阶段。一般用 2B 的铅笔或 0.5mm2B 铅芯的自动铅笔。也有极少的学校直接用铅笔来表现快题设计。铅笔可以相对轻易地修改和进行层次叠加，是一种很好的设计手绘表现工具。

　　一般用会议笔或针管笔进行快题设计中线稿的勾画，针管笔建议用一次性的樱花牌，备几种型号，常用的有 0.1、0.3、0.5、0.8，优点是线形富有变化，画面丰富。会议笔建议用 0.5 的晨光牌，价格相对便宜，出水顺畅，附着力强，干得快，上色不褪墨。

　　钢笔常用于绘画写生和草图绘制，因其上色褪墨的原因，不建议在快题设计中使用。

　　绘画中一般用 LAMY 或 Rotring 牌钢笔，很多人也因为笔触的变化多样性特别钟情于弯尖的美工钢笔。

马克笔的最大优势就是方便、快捷，因其颜色丰富、用途广泛，现在已成为快速表现上色的最重要工具。马克笔也根据个人喜好而定，但针对建筑手绘表达选购马克笔时最好是油性的，这里推荐大家选择韩国产的"TOUCH"系列，性价比高，水分很足。

彩色铅笔可以进行单独上色使用，也可配合马克笔作出不同的材质肌理效果。彩铅在绘图中能够表现细腻柔和的色彩效果，在与马克配合使用时建议选择水溶性彩铅。马克笔颜色不足时，可以用彩铅进行补充或局部点缀。

有的同学把高光笔当做修正液来用，实际上这是误区，高光笔不仅可以进行局部修改，它本身就是作画的工具。在绘图中画面效果趋于平淡或者需要表现光感强烈的物体时，我们就要用到高光笔，用线或点来进行高光的刻画，表现发光材质。建议选择三菱牌高光笔和樱花牌高光笔。

三角板、平行尺、比例尺、丁字尺、圆模板、曲线板、圆规、纸胶带、橡皮等。

快题是比较严谨的设计，在表达画面的过程中并不一定以完全手绘的形式去表现，可以利用尺子作图达到更快速更精准的效果，特别是比较长的或间距比较窄的线条。

2.2　线条表现

2.2.1　线的重要性

　　线是手绘的灵魂，建筑的骨架，是表达效果图的语言。线条能够清晰地表现建筑设计的透视、比例、结构关系，是研究建筑设计形体和结构的必然要素。在建筑快题中可以借助尺规工具或者是徒手画线。前者工整严谨、准确大方，体现出运笔的速度感、流畅感；后者轻松自如、活泼潇洒，使得画面更加生动。

2.2.2　线条训练

1. 快线

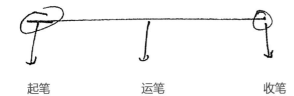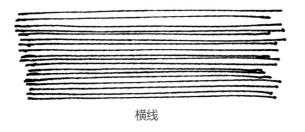

起笔　　　　　运笔　　　　　收笔　　　　　　　　　横线　　　　　　　　　　　竖线

　　短横线与短竖线是线条中的基础，在表达时要注意坐姿、握笔姿势、用笔力度，速度要快，手腕不要动，线条要有起笔收笔，收笔要稳，做到有头有尾有始有终，竖线的起笔要小。训练时线条的排序要均匀，密度要大，只有这样才能使线条美观无误。

2. 慢线

起笔

收笔

　　画长线时速度可以放慢，手腕不要动，笔尖与纸边垂直，以肘关节处为支点胳膊平移，起笔可以大一些，收笔要稳。画竖线时笔与胳膊垂直，笔的上端搭于食指的第三个关节，笔尖随手指向下拨动。

3. 颤线

颤线也叫抖线，也就是比较随意的线条，但并不是没有度地去画。颤线分小颤和大颤（小曲大直和大曲大直）。

小曲大直

小曲大直：起笔收笔明确，两端不颤，中间微颤，有小的曲度。适合表现在建筑轮廓和结构关系上，近看放松自然有美感，远看笔直平稳有韵味；主要用于建筑的高度线，线要服务于结构。

大曲大直

大曲大直：两端不颤，中间用笔洒脱有变化，曲度稍大，不要故意颤，应潇洒自然。主要用于草图的快速表达、阴影线、道路线等。

小曲大直　大曲大直

4. 厘米线

做方案时我们对尺寸的把握尤为重要，平时我们可以借助比例尺测量尺寸，但在快速草图设计中，我们就需要靠平时的练习来达到线条的精准度，这就需要大量的练习厘米线。练习时可以先借用尺子打出厘米的刻度，以不同的长度标准练习厘米线形成惯性。线条要有起笔收笔，误差保证在 2mm 之内。

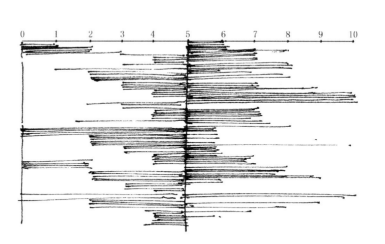

初学者切记：画线时不要出现浮躁、轻飘、毛草、无力、两头尖中间重、下笔犹豫的情况。

5. 控制线

控制线训练线条的精确把握能力，要控制好线条的长度、间距、方向，避免画线过长或过短造成的参差不齐、杂乱无章，避免交叉，做到收放自如、严谨精确。

6. 植物线

植物线根据线形可大致分为"W"形、"M"形，或者称为"几"字形。训练时注意手腕的灵活性，训练线形在塑造形体的基础上产生顿笔转折，以体现形体蓬松的感觉。注意大的转折关系，线形上讲究凹凸、方圆、大小、疏密、穿插组合，注意虚实的变化关系，以使线条更具美感和韵味性。

① "W" 线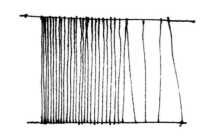

② "M" 线

③ 曲线

④ 转折线

⑤ 长针线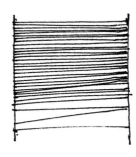

⑥ 草线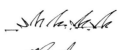

7. 方格线

　　方格线强调的一定是标准的正方形，是线条向形体过渡的练习。准确把握线条的方向、长度与间距，对之后形体比例的掌握有重要作用。

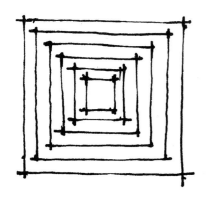
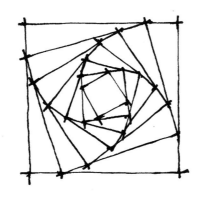
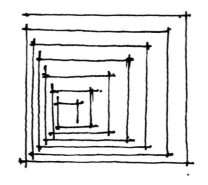

8. 穿点线及其他线形

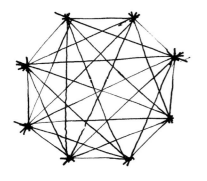
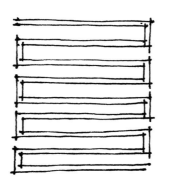
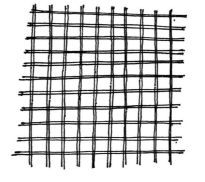
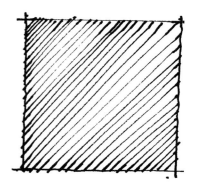

2.3　透视原理及空间关系

空间中的形体都有远近前后的关系，我们要在二维的平面空间中体现具有远近变化的三维空间效果，主要借助于以下三种处理方式：透视、光影、结构，以体现形体间的大小、虚实、明暗的关系。

这一章我们重点来认识和练习透视在处理空间关系时所起到的作用。透视又可分为定点透视和散点透视。下面我们就来重点介绍定点透视中的一点透视、两点透视、三点透视原理以及他们在设计中的应用。

2.3.1　一点透视原理

空间中的形体具有近大远小的特点，我们把平面的正方形用前后遮挡的方式依次排列递减变小，最后变小成为一个点，这样就形成了一个正方形的近大远小的空间排列组合，在透视关系中最后的消失点即灭点。

从中可以任意连接两个方形端点形成一个独立的体块，我们就把这个体块看成一点透视状态下的立方体。

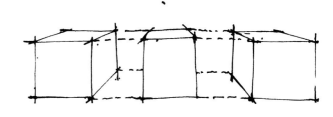

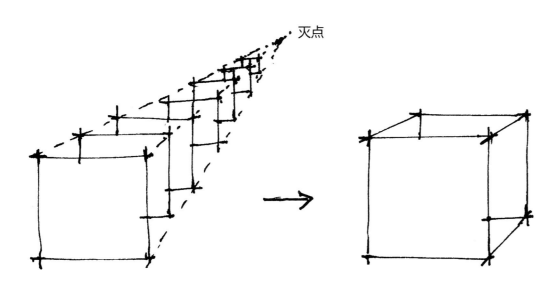

注意要点：一点透视横线都是水平的，竖线都是竖直的，只有表现纵深方向的线才会随灭点产生透视方向的变化。前后面永远都是正方形。纵深方向的线，长度不能超过正面棱长，才会保证形体是正立方体。

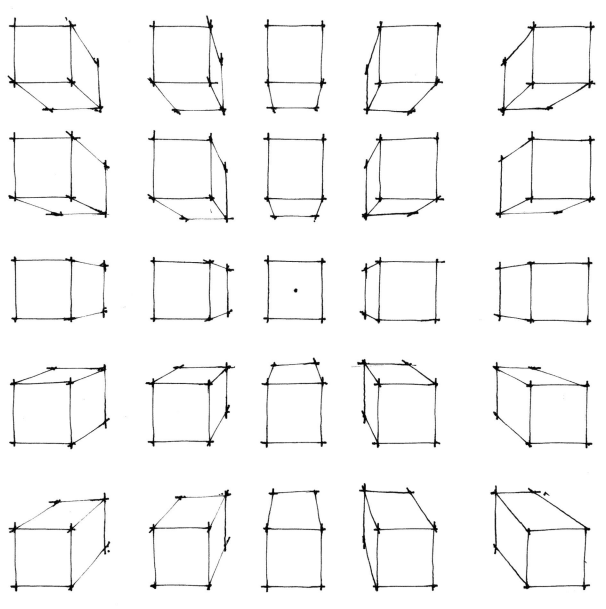

一点透视立方体在同一空间中的透视变化关系训练

　　要保证所画形体每个都是标准正立方体，正立面大小应保持一样，各形体上下左右保持位置对应，练习不同视角下形体的透视与视平线的关系。

　　一点透视正立方体的特点：

　　① 表现纵深方向的线会随灭点产生方向的变化。

　　② 正面和后面的面永远保持是正方形，横线都是水平线，竖线都是竖直线。

017

2.3.2 两点透视原理

　　水平放置于空间中的立方体，有一条边垂直于地面，另外两组平行线条在透视中会分别相交于远处两点，这两个点位于同一水平线上，即视平线，也就是说两个灭点一样高。竖直方向的线永远保持竖直，水平方向的线都会在远的一端向视平线靠拢，最终消失于视平线上的某个点上，这种透视关系被称为两点透视。

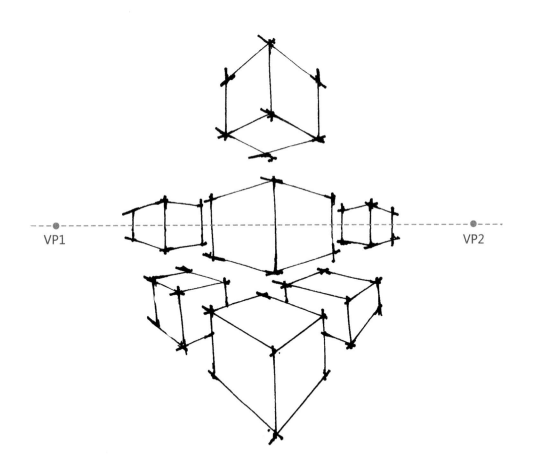

VP1　　　　　　　　　　　　　　　　　　　　VP2

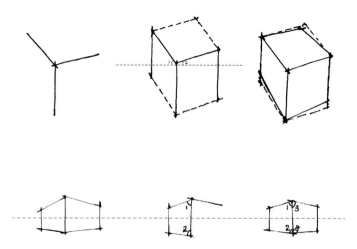

　　在大图幅的情况下，我们很难把形体的透视灭点找得非常准确，这就要求我们用更便捷的方式作出准确的透视关系。

　　两点透视的两个灭点在同一视平线上，我们可以比较棱线与水平线形成的角度大小来确定透视关系的强弱，角度小的透视弱，离灭点距离远，角度大的透视强，离灭点近。

两点透视练习

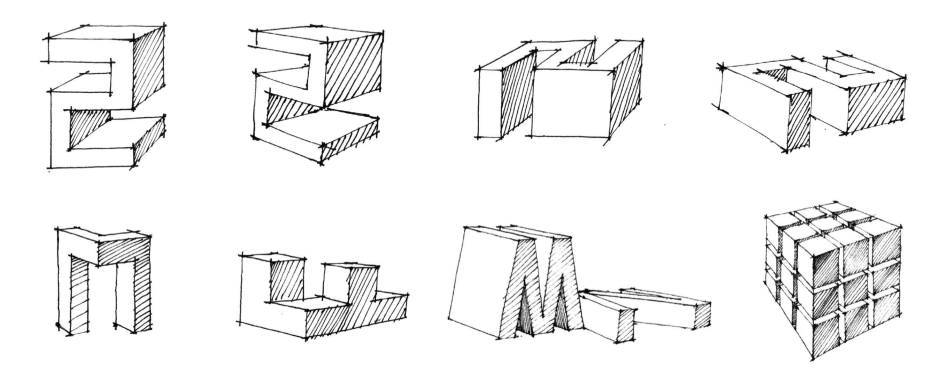

透视训练中，我们要能够根据实际物体画出形体的
透视关系，又要能够根据物体的透视关系比较出实际物
体的大小，①、②都是根据实际物体画出的透视。已知
画面中形体的最长棱长相等，即看到的最大的棱长相等，
大家能否根据他们的透视关系比较出实际物体的大小
呢？

①

②

019

2.3.3 三点透视原理

　　空间中的点以视点为中心都有远近、上下、前后的关系。两点透视中竖直方向的线是不变的，实际上竖直方向的线是有变化的，以视平线为分界越往上离视点越远，在上方消失于一点即天点。视平线以下部分越往下离视点越远，在下方消失于一点即地点。视点所在的这条竖直线永远保持竖直，天点和地点分别位于视中线的上端和下端。

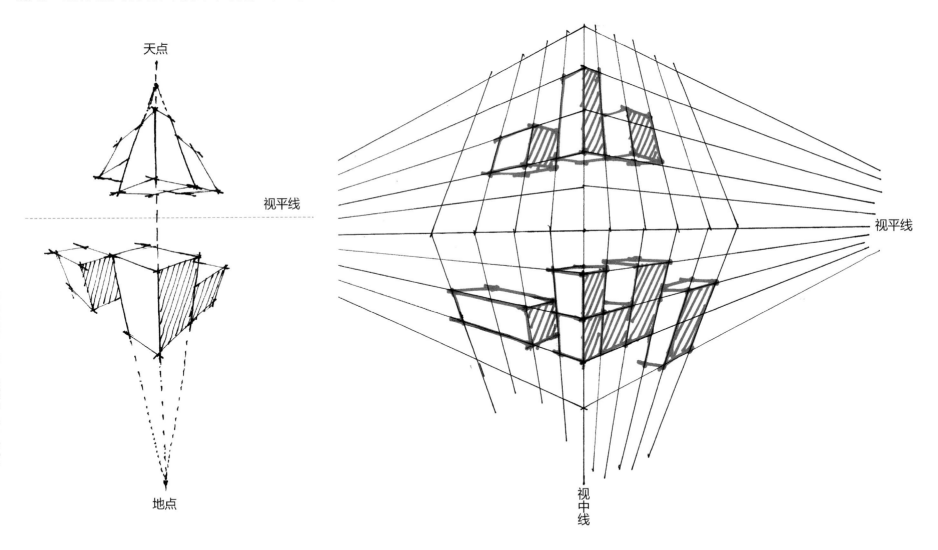

三点透视练习

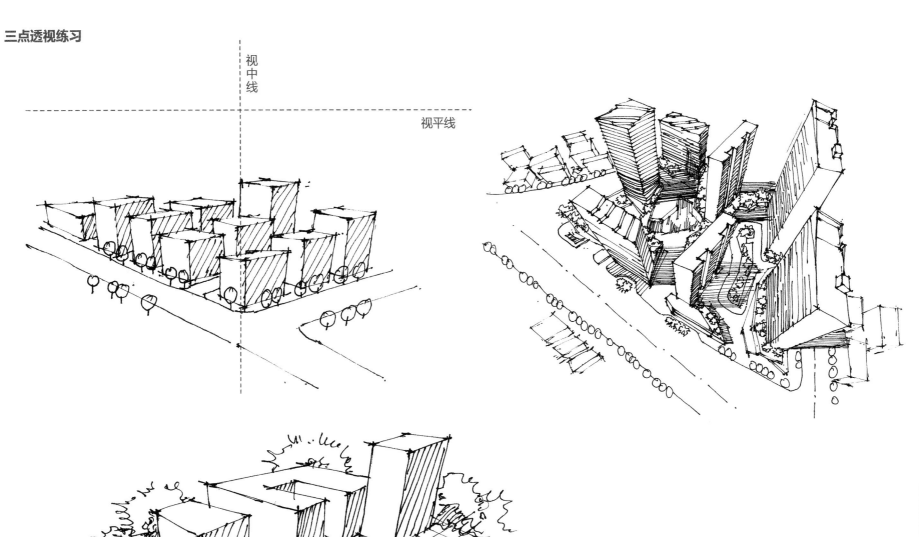

视中线

视平线

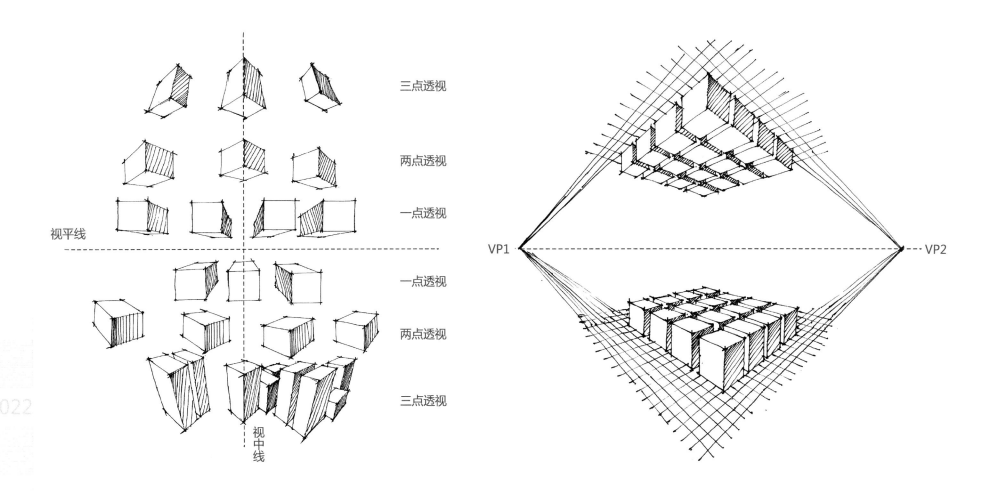

三点透视

两点透视

一点透视

视平线

一点透视

两点透视

三点透视

视中线

VP1

VP2

022

透视形体与视平线的关系：视平线以上近高远低，视平线以下近低远高，视平线以上的形体必然能看到其底面，视平线以下的形体必然能看到其顶面，离视平线越远所形成的底面或顶面面积越大。

2.3.4 轴测原理

轴测各个面形体比例不变，能更真实地反映形体各要素的关系。

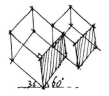 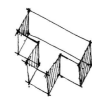 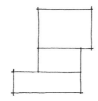 

特点：

① 轴测无透视。

② 轴测图选择的角度一般是 30°和 60°。

轴测图是一种单面投影图，在一个投影面上同时反映出物体三个坐标面的形状。能够接近于人的视觉习惯，图面形象逼真富有立体感。

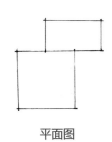

平面图

正二轴测图

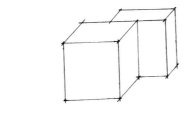

斜二轴测图

根据投影方向和伸缩系数的不同，我们把常用的轴测图分为正二轴测图和斜二轴测图。

轴测图投影特征：物体上相互平行的线段轴测投影仍相互平行；平行于坐标轴的线段，轴测投影仍平行于轴测轴；同一轴向所有线段的伸缩系数相同。

2.3.5 坡屋顶透视原理

我们在表现具有坡屋顶的建筑时，要把复杂形体归纳为简单规则的几何形体，善于作辅助线。

尖顶的坡屋顶

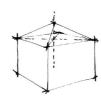
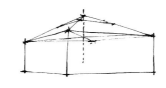

平顶的坡屋顶

1. 两坡屋顶画法

先作出两点透视方体，分别连接两个山墙的对角线，得到其面的中心点，从中心点向上作垂线，根据坡度的高低得到屋脊的两个端点，四个角点分别向其近侧的端点连线，最后连接这两个端点。

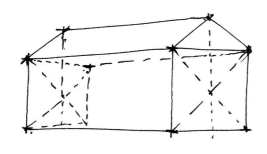

2. 四坡带挑檐坡屋顶具体步骤

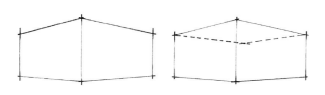
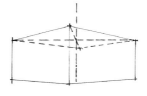
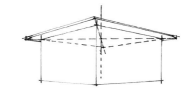
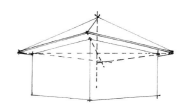

① 先作出两点透视的方体。　② 根据透视作出方体的顶面透视。　③ 连接方体顶面的对角线，对角线交点即此形体的重心点，通过此点作垂线。　④ 延长顶面的对角线，在对角线延长线上取某个点作为坡屋顶的出挑部分，分别向两侧灭点引线，同时作出挑檐的厚度。　⑤ 分别从挑檐的各个角向形体的重垂线上某个点引线，即可得到屋顶坡面的倾斜角度。

2.3.6 形体空间穿插关系

1. 框架结构穿插训练

　　形体的穿插也是表现空间关系的一种方式。作图时注意与透视相对应,多作辅助线,找同一平面上的对应点,理解一个面与其他面的关系以及点与点的关系。

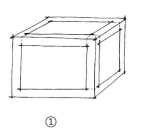
①

②

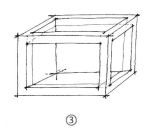
③

④

2. 透视空间组织关系训练

　　根据左侧形体的顶视图用一点透视关系表现出图中三个形体的空间组织关系,要求图中形体彼此对应产生变化,透视关系精确,大小角度不限。可以尝试用两点透视关系的方式表现,训练空间的表现能力。

　　根据平面的关系,分别作出形体之间的一点、两点透视的空间组合关系。每个形体都是相同大小的立方体,注意形体在透视中的大小变化及形体相互间的空间关系,并作出形体相互间的投影关系。后面三个形体在第一个的基础上逐渐增加体块,训练体块间的穿插比例关系。

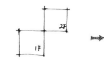

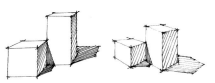

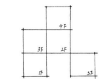

2.3.7 形体空间光影关系

空间中的形体通过透视表现其大小比例的变化关系，形体随着光源的角度不同产生的明暗变化，即光影关系。

手绘设计中，我们通过光影关系的变化来体现画面中形体的远近虚实变化。一般我们用平行光照射在形体上，形体随光的角度不同产生黑白灰的变化，投影的边缘在形体上都会有明暗交界线与之对应。

投影的角度：一般我们采用投影方向与形体成 45°切角的方式，形体上的明暗交界线在后方都会有与之对应的投影，产生阴影的边缘线都有形体上的明暗交界线与之对应，投影的长度依据光源的高度而定。

方法①

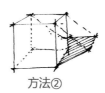

方法②

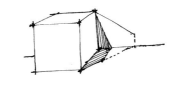

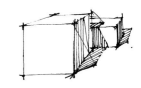

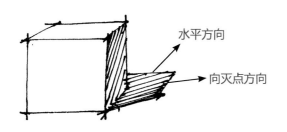

水平方向

向灭点方向

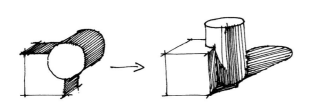

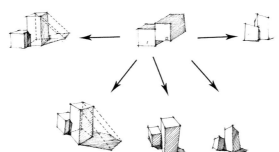

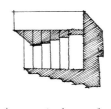

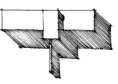

2.3.8　形体空间组合关系

通过形体组合，训练同一空间体块的透视关系，把简单的体块组合当作简化的建筑空间，才能更好地把握建筑透视中的角度、各体块间光影的层次以及体块间的空间层次。

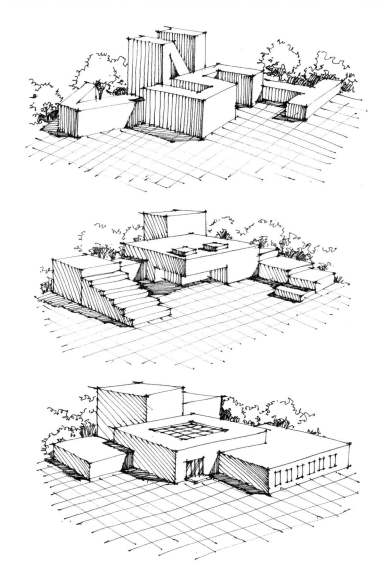

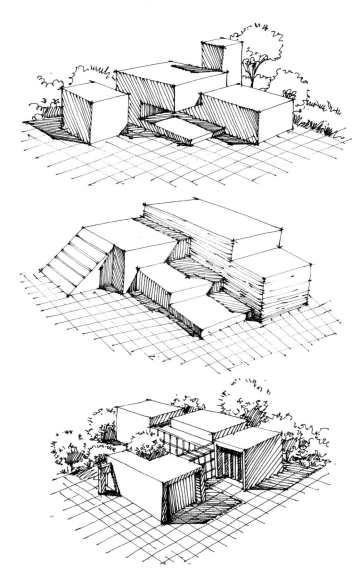

第 3 章　配景画法

　　配景在效果图中是必不可少的物体，在建筑快题中如果没有配景的衬托，整个画面就会显得苍白，很好地利用配景将会使效果图更加生动、富有生气。配景又包括了植物、人物、石头、水景、汽车等，在我们的图幅中要注意各类配景的相互配合，以便更好地为建筑主体服务。

3.1　植物画法

　　植物原理：先把树冠用球体的形式概括，理解明暗交界线的位置。从简单的球体概括到几何形体，把植物当成球体去理解分析球体的黑白灰面、了解明暗交界线以及投影关系的表达。

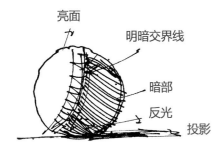

亮面

明暗交界线

暗部

反光

投影

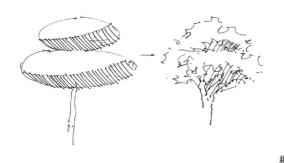

椭圆体

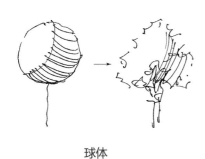

球体

锥体

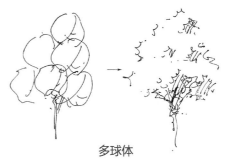

多球体

029

树的明暗体块分析

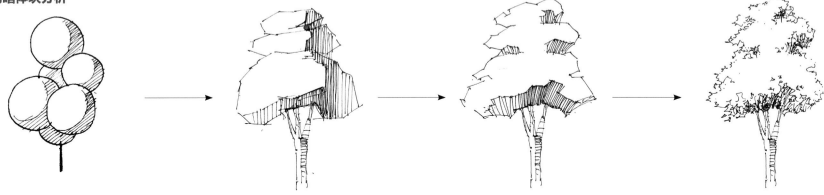

① 把树冠概括成简单的球体，找出各球体的明暗交界线，注意球体间的前后遮挡关系。

② 把树冠概括成几何形体，找出大的明暗交界线，区分明暗关系；简单地刻画出树干的形体，刻画出树干与树冠的关系。

③ 划分出灰面以及暗面的区域，注意树冠的形体转折关系；分好树干的明暗交界线。

④ 准确地把树线带入几何形体上，注意树线与树形的结合，用树线画出明暗交界线，表达出树冠的暗部及灰面，用简单的线条刻画出树干的结构，要根据树干的形体表现树干的结构；注意整体的虚实关系。

树的画法步骤

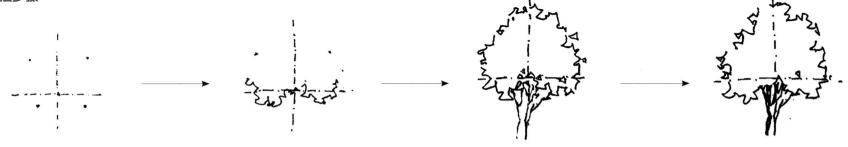

① 打点确定树的位置、大小、树冠与树干的比例。

② 根据定好的点用树线组织树冠，刻画时注意明暗交界线的位置，注意底部给树干留出空间。

③ 树干上细下粗，注意主干与枝干的穿插关系。

④ 处理树干的明暗关系，把握好树枝与树冠的衔接，深入刻画树冠的层次与体积感。

3.1.1　中景树表现

在建筑效果图中，中景树的使用频率比近景树稍微少一些，中景树其实就是轮廓树的一种画法，这种画法是一种有高度概括性的画法，只画主要部分，抓住大小尺寸及树形，无需多抠细节，不必真实。

中景树在场景中的应用

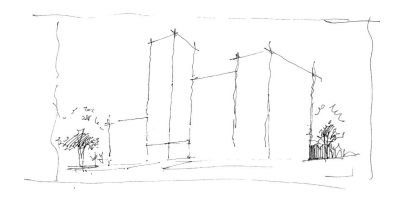

中景树一般在场景中适合与高层类建筑（办公类建筑、医疗建筑等）搭配，在建筑快题中注意中景树与建筑的前后关系。一般是以相对概括的形式出现在画面中，以便更好地衬托建筑主体，避免喧宾夺主。

3.1.2 近景树表现

　　树干是圆柱体，一般特征是上细下粗，表达树干时注意主干和枝干的粗细变化、穿插衔接及转折关系，上实下虚，次第错落不能对称；枝干间的距离也要适中，主树干上尽量不要在同一个位置画多个枝干，这样会显得很凌乱。

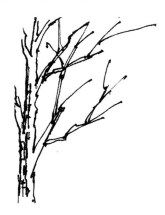  

　　一般在表达近景树时树冠是不封顶的，只表达出明暗的层次关系即可，刻画时注意树冠与树干的关系：树干撑起树冠，只有这样树才能显得饱满生动。表达树冠时笔触大方概括，给人以洒脱不羁的感觉，体现出快速表达的韵味，反之则会显得呆板不生动。树干与树冠交接的位置要刻画得多一些，关键是把枝冠的曲折和延伸感表达出来。

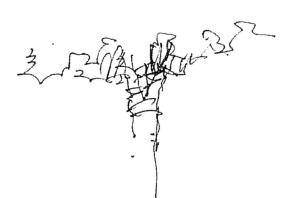  

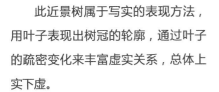

035

此近景树属于写实的表现方法，用叶子表现出树冠的轮廓，通过叶子的疏密变化来丰富虚实关系，总体上实下虚。

此近景树在表达时注意结构关系的刻画，树冠线笔触简练大方，多用方形转折，体现出快速表达的韵味。

在表达过程中要有主次的区分，把其中一棵作为重点来刻画，其他作辅助，树冠按层次做出近中远关系，不可加得过多过乱。

此近景树在快题设计中适合以线稿为主、马克笔为辅来表现，注意树跟小灌木的搭配关系，表达树干的纹理时刻画略微细腻一些。

棕榈类近景树

　　棕榈类上粗下细，表达结构线时尽量简练概括、流畅自然，线条不宜过于僵硬。棕榈科植物叶片转折明显，绘制时注意用笔的连贯性，转折线宁方勿圆，轮廓结构的前后穿插衔接要自然。直立性棕榈植物叶片多聚生茎顶，形成独特的树冠，绘制时注意对树头形式的概括，强调出明暗关系。

枯枝类近景树

　　枯枝在建筑表达中，通常体现画面的苍劲与大气，在表达枯枝时注意树枝与树干的穿插关系，树干刻画时注意纹理的表现，纹理疏密有致、富有韵律感和节奏感；大枝与小枝之间注意穿插关系，小枝与小枝之间注意疏密关系，做到密不透风、疏可跑马。树枝顿挫有致，不宜过于僵硬。

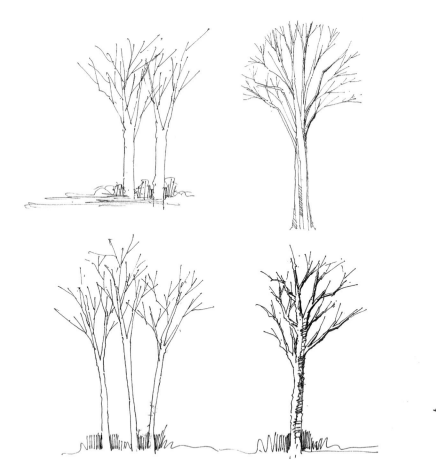
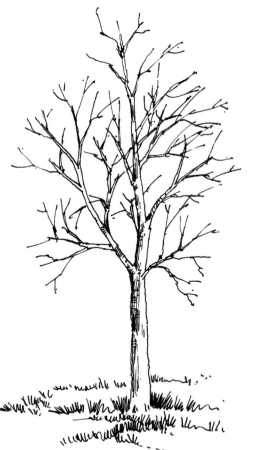

近景树在场景中的应用

近景树在图面中的作用尤为明显，表现在：

① 增加画面层次感、空间感，增大远近的对比关系。

② 平衡画面，建筑在图面中由于本身造型和透视的原因，要求有近景树来加入画面做到整个画面在大关系上的均衡。

③ 丰富形体关系，在建筑的次立面设计较单调的情况下，可用近景树树干部分略作遮挡，这样既丰富了画面也不致使次立面太过突出。

④ 分割天空，由于建筑造型长高的比例无法使上部天空的空间达到最适合画面大小的效果，近景树的加入，可根据建筑的造型用树冠的延伸线来完成对天空的分割，以达到最佳的画面效果。

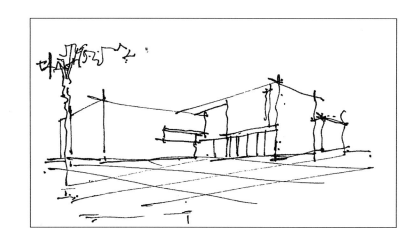

3.1.3 远景树表现

远景树注意上浅下重的层次，下部临近地平线处要加重，靠近建筑的地方要加强与建筑的对比关系，以简练概括为主。

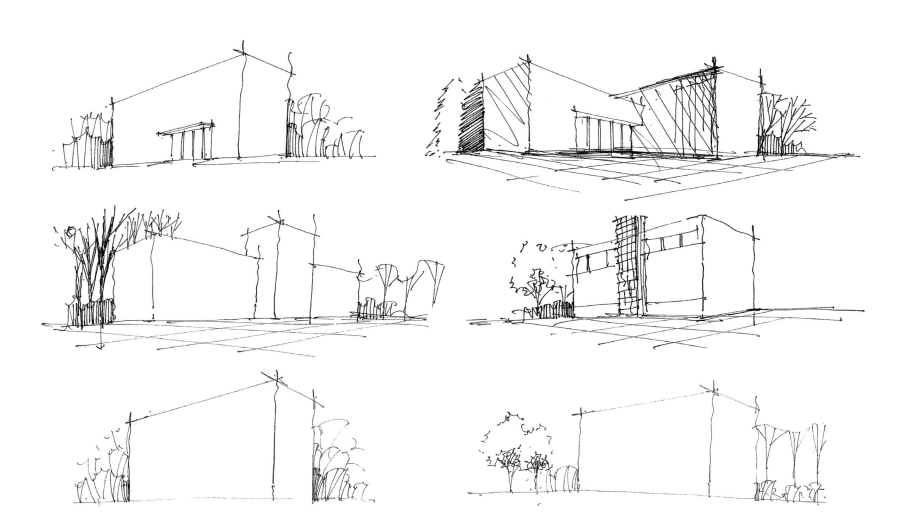

3.1.4　灌木表现

　　灌木适合放在中景和远景，用它们来适当遮挡主体局部，点缀画面，丰富层次。灌木形态较小，没有明显的主干，自然式栽植的灌木丛形状大多不规则，修剪的灌木和绿篱的平面形状多为规则且平滑的。

球形灌木

　　球形灌木简练概括，比较实用，只要找好了明暗交界线就能快速地拿捏好整个形体。

绿篱

　　表达绿篱时注意形体的理解，即把它当成简单的方体，加强交界线，区分出亮面、灰面、暗面即可，给人以干净利落的感觉。注意线条的疏密变化。

不规则灌木

　　不规则灌木给人以生动流畅之感，表达时注意树线的转换关系、交接关系，用笔要流畅自然，切记不能犹豫不决，否则会导致呆板生硬。

3.1.5 草的表现

草坪塑造上注意刻画边缘部位，中间部位略微点缀，草尖的摆动方向自然随意，注意近大远小、近实远虚的关系。

草和灌木在场景中的应用

近景灌木可大胆留白，以便更好地衬托出建筑的体量感，切记不能喧宾夺主。主入口处的灌木具有迎宾及观赏性功能，注意灌木与铺装关系的处理。

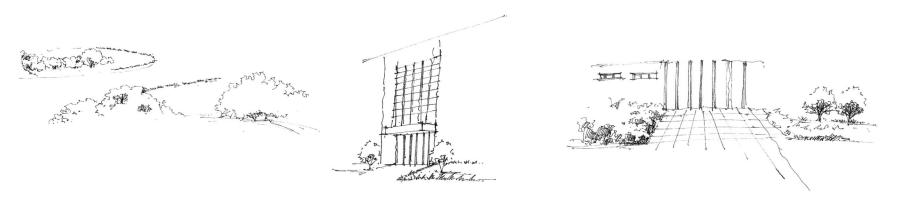

3.1.6　鸟瞰植物表现

　　鸟瞰树一般轮廓关系比较整，俯视角度越大，树冠越扁圆，树干越短。明暗关系上，暗部面积较小且偏居于一侧。其他形体的表达上也要注重前后虚实的变化，通过排线近疏远密或者近密远疏等做出空间的变化秩序。

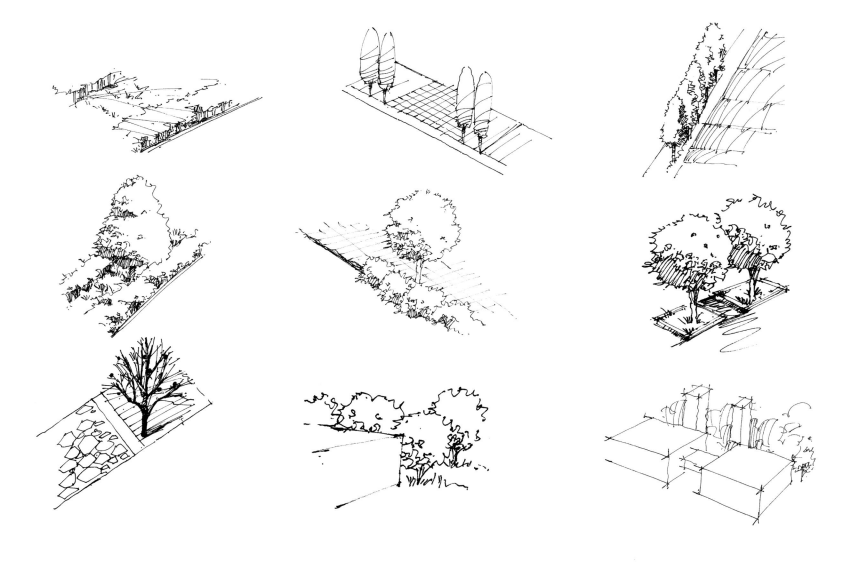

3.1.7　立面植物表现

　　立面植物表达时注意植物与建筑的衔接关系，加强对比以衬托出建筑。植物的明暗关系要至少做到两个层次，下面略重上面略轻。植物的高低也要与建筑的高度相协调，建筑高就让植物略矮，建筑矮就可以多刻画植物，通过环境的塑造衬托建筑。

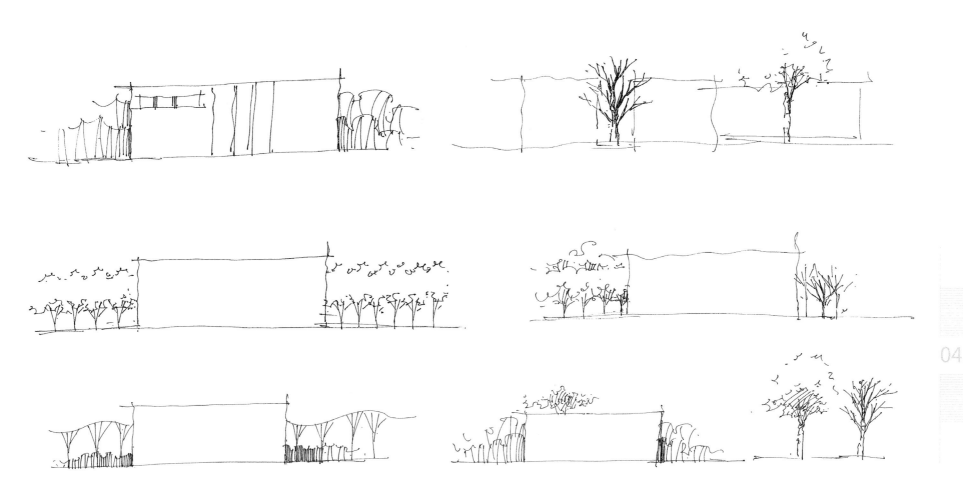

3.1.8　平面树表现

平面树以圆形为基本骨架，找准圆心，用简单的圆形概括树的边缘，在背光面采用重复的形状叠加，表现深而密的效果，并用深色勾画出阴影。画圆时注意要分段，强调平面树在光的照射下的体量感，用线的疏密表达出受光、背光、投影的明暗变化层次，暗部的线要排列得密一些，亮面要留白或者稀疏一些，投影要比树的暗面深。建议大家用圆模板去画，线稿是为马克笔上色服务，线稿只要勾勒出大概的轮廓就可以，一般用马克笔重色表达暗部及投影即可。

古树的刻画比行道树要详细，叶脉和轮廓更清晰，处于中庭时可以留白，投影一般用马克笔处理。

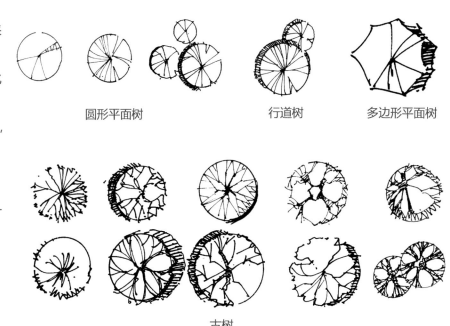

圆形平面树　　　　行道树　　　　多边形平面树

古树

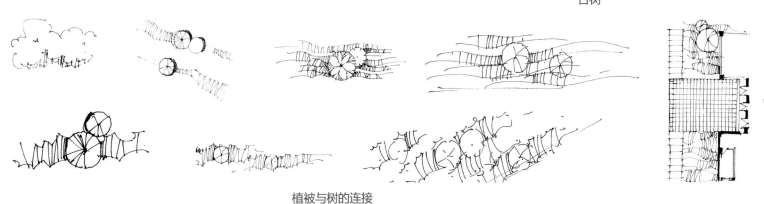

植被与树的连接

植被与树的连接组合，使原本的树由点向面的方向转变，更能使画面具有整体感，植被线形表达时要有顿挫的节奏感，方向上切勿平行。

3.2　人物画法

人的基本比例："立七坐五盘三半"。人的高度比例以人的头长为单位与整个身体进行比较，站着时高度为七个半头长，坐着为五个头长，盘坐在地上为三个半头长。

男女性别的特点：男人肩宽，上下比例匀称；女人肩窄，腰细、略靠上，腿修长。

人物在效果图中分为远景人、中景人和近景人，远景人用笔简练概括，中景人刻画相对细致，注意动态关系与形体比例。

远景人

中景人

儿童

一家三口

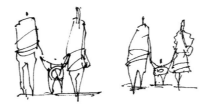

近景人

人物在场景中的应用

　　人在透视图中具有丰富画面、视觉导向及高度标尺的作用，平视状态下人的眼睛都处在视平线上，站在台阶上的人头部要高出视平线，突出台阶的高度。

视平线

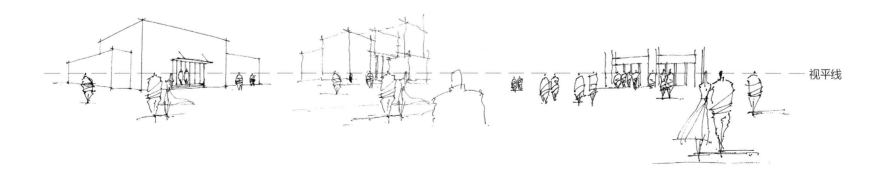

视平线

3.3 水景画法

水景边缘部分要重点加强，注意水线的透视关系，近疏远密，错落有致。

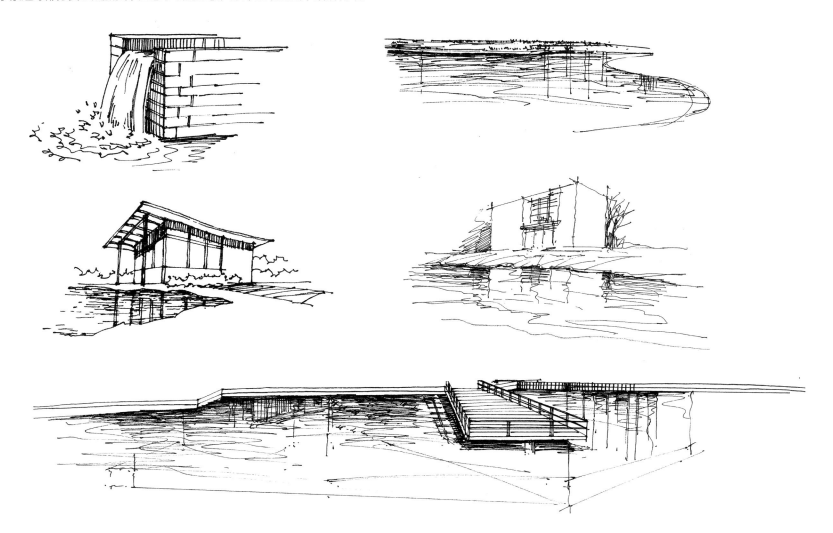

3.4　石头画法

一石三面，注意形体的转折关系，表达明暗关系时注意线条的疏密和石块间的呼应和层次，以及石头与地面的交接关系。

3.4.1　单块石头的画法

以流畅的线条，通过顿挫转折组合形成体块关系。线条的凹凸变化在形体上必然产生形体的凹凸变化，自然存在的石头不要太过方正，自然随意即可。底面面积可略大于顶面，这样形成的石头更加稳重自然。根据光源关系将明暗面区分，加强明暗交界线，投影近实远虚。

3.4.2　组合石块的画法

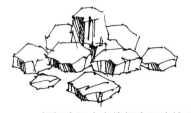

① 首先用流畅利落的线条勾出石头的轮廓关系，在此期间要注意形体之间的前后叠加，体块要遵循有大有小、有聚有散的原则。

② 确定光源方向，将每块形体加转折线进行分面，使体积感和块面感更强，中央部分的石块转折可更加细致。

③ 根据光源方向将组合石头给予明暗关系，视觉中心的黑白灰关系细致明确，边缘和后侧的体块进行弱化处理，分出简单明暗关系即可。

④ 根据光源加入投影，使其成为一个整体，中间实后面虚，加入简单植物配景，使画面更加丰富。

3.5 天空画法

画天空时用笔要快速流畅，不能断笔，以达到行云流水之感。

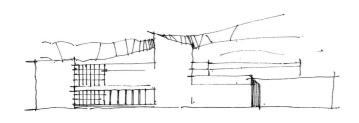

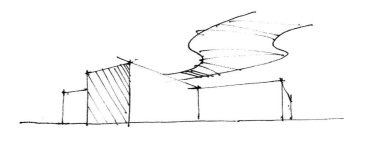

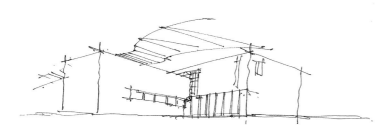

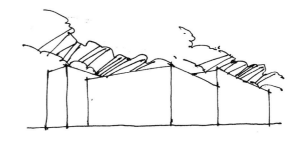

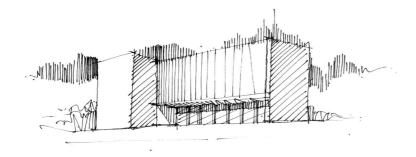

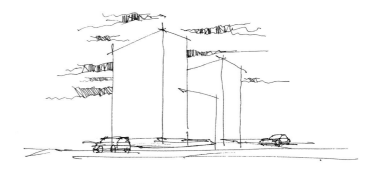

3.6 汽车画法

画车时线条自然概括，注意体块的透视关系、面的转折与形体比例，特别是前挡风玻璃与侧挡风玻璃的比例关系。先勾画出大概轮廓再刻画细节，如车灯、轮胎等。车在地面上是接近水平的，角度最大不超过 5°。注意汽车在场景中的位置，在建筑考研快题中车用得不是很多，但在一些公共建筑（如：展馆、图书馆等）中最好用车当配景使得画面更加丰富。

 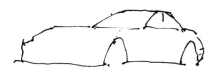  

① 先画车的顶部。　　　② 画出车头、车尾。　　　③ 画出车框、车的整体轮廓、车尾。　　　④ 刻画轮胎及车的细部。

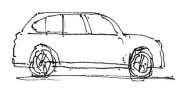   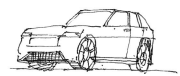

注意区分跑车和普通轿车的差别，跑车只能坐 2 人，车顶小、轮胎厚、底盘低、前挡风宽、侧挡风窄；普通轿车能坐 4 人，区分好前挡风和侧挡风的长度。

汽车在场景中的应用

　　在场景中表达车时，注意车的比例大小符合图中建筑和其他配景的比例，大小视不同的车型而定，轿车略低于视平线，客车高于视平线而低于一层建筑的高度。位置的选择上，要把车放在靠近视觉中心点的位置，一般选远景和中景居多，近景由于比例过大产生喧宾夺主的感觉而不常用。

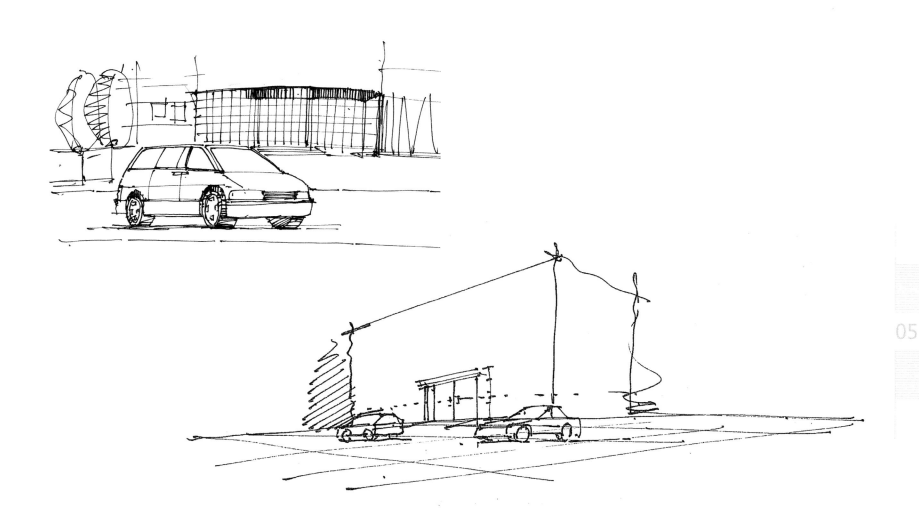

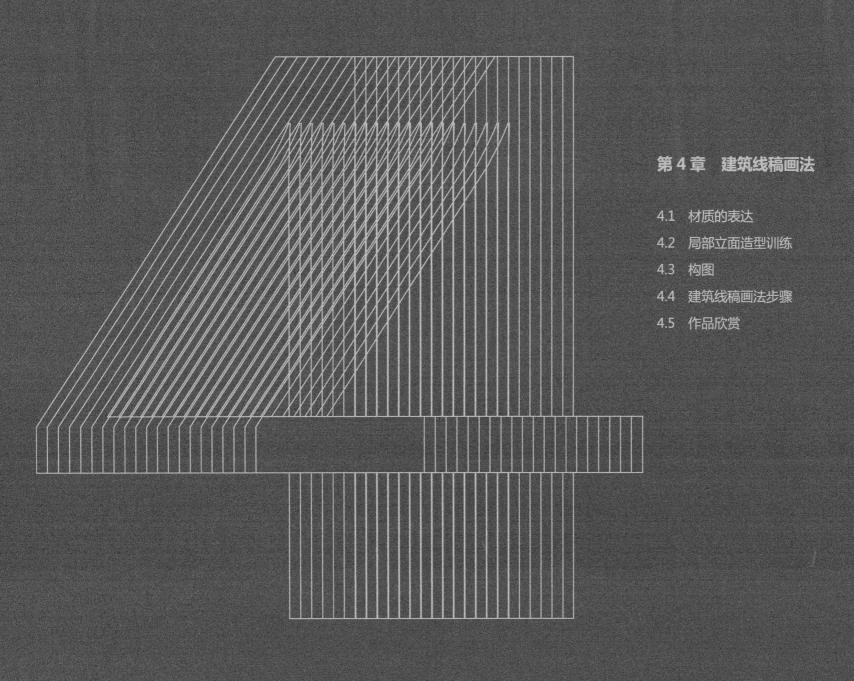

第 4 章　建筑线稿画法

4.1　材质的表达

　　图面中不同物体具有不同的质感，比如植物的蓬松与舒展，石头的硬朗与棱角分明，地面的厚重与坚实。我们在表达建筑由不同材质构成的形体时也要抓住材质特性对建筑的影响。

4.1.1　玻璃

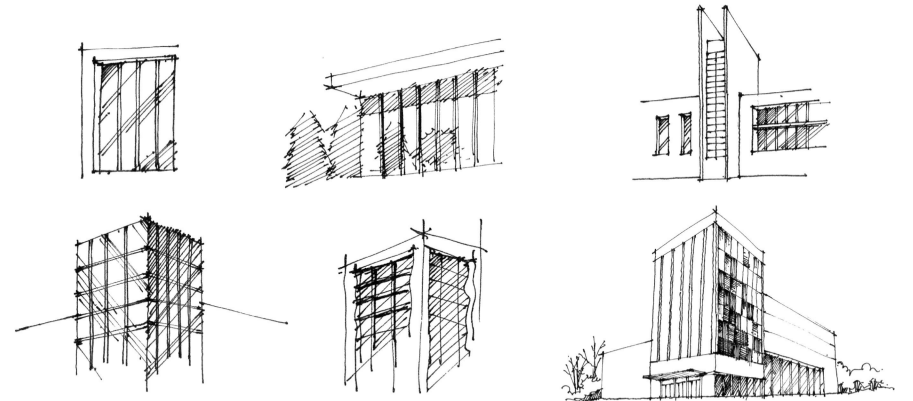

　　玻璃是高透光、高反光的材质，在表达玻璃时，线条疏密的对比要特别强，做到大实大虚。亮面玻璃可以线条略少，注意卡边切角，边角处表达到位，其他部位效果自然就有了。高层建筑的大玻璃幕墙在表达材质时，可以先整体找明暗关系和材质变化，然后再分出小块来用横竖短线塑造上下或者左右的虚实变化关系。

4.1.2 木质

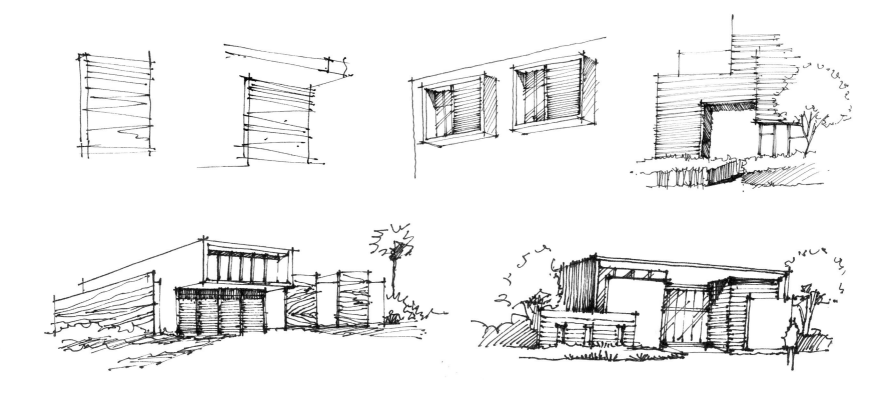

木质的表达上要注意木纹的变化方向，可双线也可单线来表达。对于大面积的木材质的表达，排线上要有变化的秩序，上疏下密、下疏上密或者两端密中间疏皆可。

4.1.3 砖石墙体

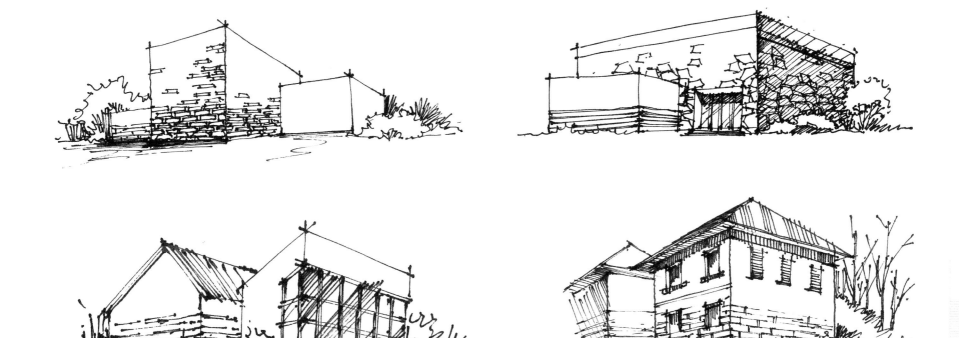

砖石墙体的表达上要做虚实的渐变和单双线的表达，结合光影关系强调大的虚实对比，切不可画得太细，面面俱到。

4.2 局部立面造型训练

在建筑效果图中，立面表现直接体现建筑的风格和功能。同时立面细节的表达至关重要，体现在门窗的造型是否和谐统一，空间纵深关系是否表达到位，不同风格建筑的材质表达是否恰当，结构穿插关系是否准确。一般在效果图中我们要根据不同的视角、位置，把要表达的厚度、纵深关系表达到位，细小部分也要按照透视关系表达准确，这样才能使效果图更加精确。

4.3 构图

一幅优秀的效果图要做到以下几点：构图饱满、画面均衡、大的黑白灰关系明确、空间层次清晰、图面有亮点。要做到以上几点首先要注意画面的构图排版形式。构图就是把所需要表达的内容以合适的大小、合适的位置安排在图面中。构图时注意主体建筑不可过大或过小，过大给人以满涨的感觉，过小则显得图面过空表达不足。常用的构图方法有三角形构图和"S"形构图，将所表达的主要内容放在视觉中心点上，做出近、中、远三层空间关系。

4.4　建筑线稿画法步骤

我们以一张正规的建筑透视图（效果图）为基础，讲解建筑快题设计时如何绘制建筑线稿。

我们摹仿绘制一张建筑效果图首先不是急于动笔，而是要仔细观察画面，分析画面中的元素、画面的空间关系、主体与配景元素的组合关系以及画面中的各种材质对画面关系的表达。对画面的分析和观察要能做到对画面有基本的认识，对想要表达的效果在脑海里有一个大致的构思，下面才是真正动笔的时候。

第一步，根据画面主体建筑的大小和位置组织画面构图。构图就是把我们想要表现的形体以合适的大小、合适的位置放入画面中，本着画面平衡、主体突出的原则，以此达到最佳的画面效果。初始阶段可以借助铅笔，这样能够对画面作出多种构图的选择，便于修改。

一般在整幅画面都完整的情况下，纸面周围应当留下空间以确保画面看着舒服。画面过大会显得绘图者对形体的掌握力弱，画面过于笨重；画面过小又会显得主体表达不明确，画面显得过空。在组织画面构图时，以 A3 纸为例，画面两侧到纸边至少要预留出一指半的宽度是不画东西的，画面底边要留下两指的宽度；另外一个原则是画面构图时"留天不留地"天空面积要留得大一些，这样使得视野更加开阔，建筑更加沉稳。首先要根据画面的主体建筑确定画面的视平线和地平线的位置，一般我们把建筑的底边线定在纸上下位置的 1/3 稍下点的位置，较高的建筑先定出高度再根据高宽比例定出建筑宽度，较低矮的建筑先定出建筑宽度，再根据高宽比例做出建筑高度。然后定出主体建筑主次立面的分界，确定整个画面的透视关系，主立面透视弱一些，次立面强一些。根据透视关系依次把主体建筑的体块和结构关系画出来，加上地面和环境整体表现。这个过程不需要把每个细节都加上，只需要根据建筑的透视和结构关系，把大的面和形体勾出来就可以，可轻轻地找些辅助线和形体作对应。建筑底边的线不要做得过实，可以适当留下一些不影响形体结构的地方，以便后期做深入处理。

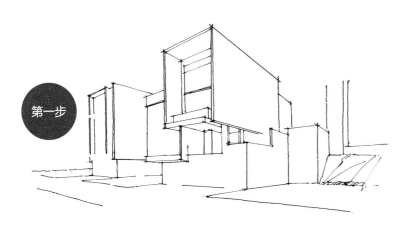

第一步

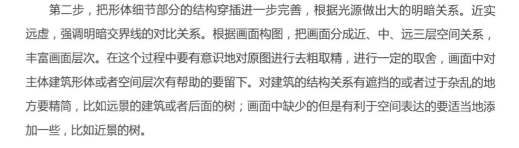

第二步

第二步，把形体细节部分的结构穿插进一步完善，根据光源做出大的明暗关系。近实远虚，强调明暗交界线的对比关系。根据画面构图，把画面分成近、中、远三层空间关系，丰富画面层次。在这个过程中要有意识地对原图进行去粗取精，进行一定的取舍，画面中对主体建筑形体或者空间层次有帮助的要留下。对建筑的结构关系有遮挡的或者过于杂乱的地方要精简，比如远景的建筑或者后面的树；画面中缺少的但是有利于空间表达的要适当地添加一些，比如近景的树。

第三步

第三步，完善画面的光影关系，强调大的明暗对比，细节部分深入刻画，建筑与地面相交的部分要做些变化，第一步留的空白可以加一些植物或者人对建筑进行适当的遮挡，这样既增加画面的层次感，又不至于显得建筑过于孤立。画面中人的添加是很出彩的，人在画面中既能丰富画面，又具有指向性的作用，在需要突出的部分前边刻画一到两个人，比如主入口，这样就能突出细节部分的深入程度。

第四步

第四步，完善和调整画面，做到近景中对比、中景强对比、远景弱对比。画面视觉中心点应细致深入地刻画，让画面更有耐看性。

4.5　作品欣赏

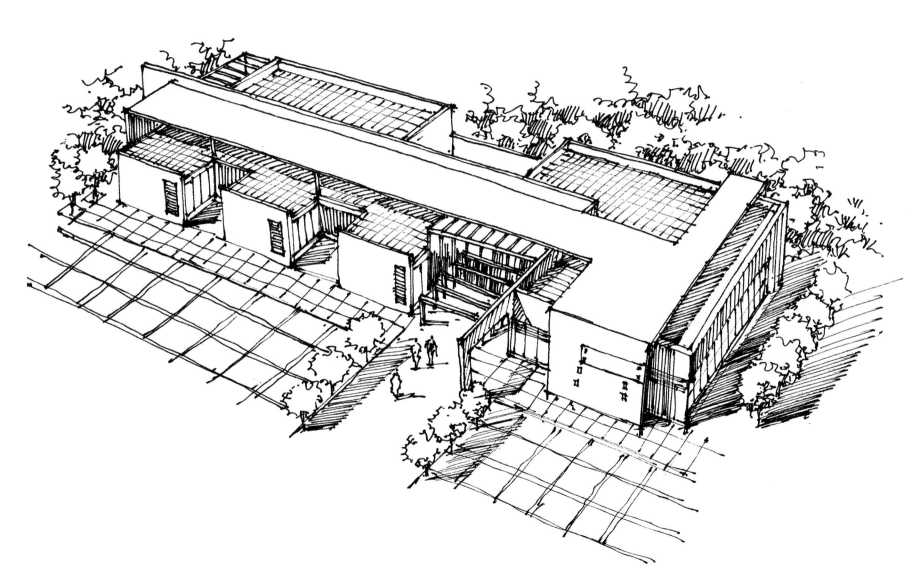

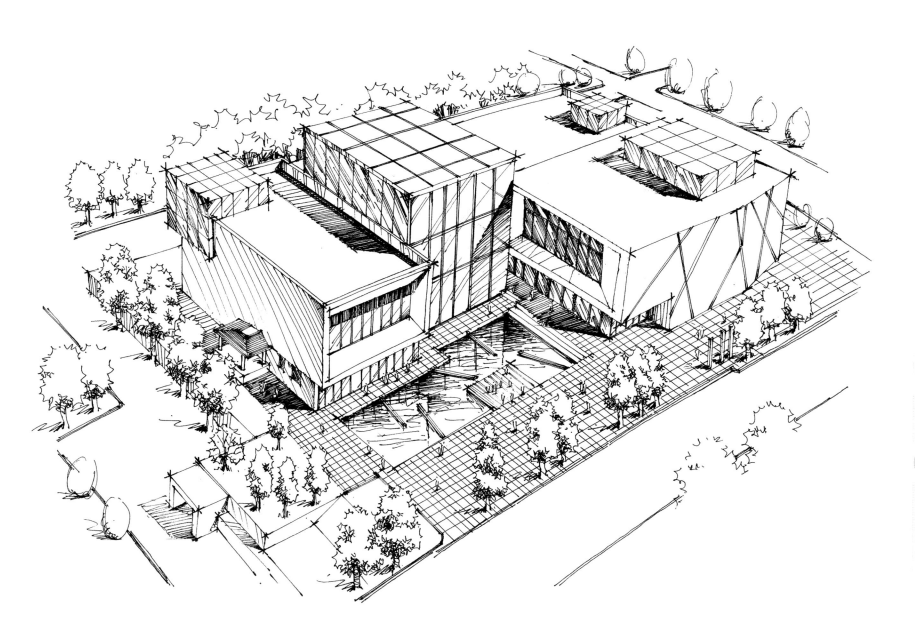

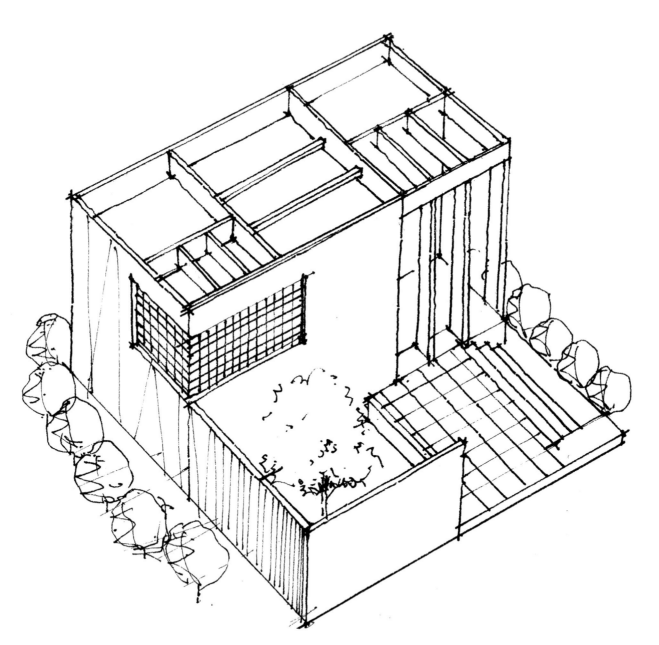

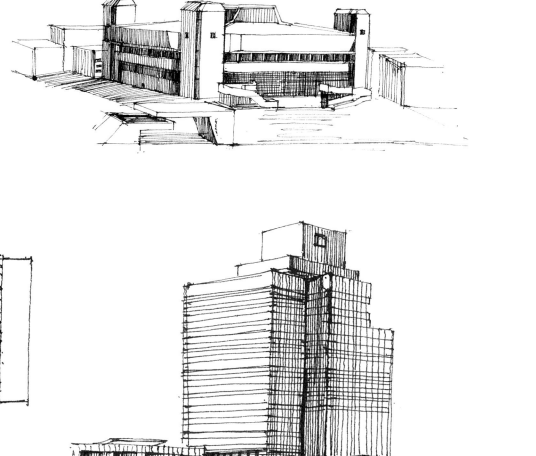

第 5 章　平面图与效果图空间转换

5.1　平面图转透视图画法

　　一个好的设计既要让人从平面图上看到好的功能分区和流线关系，又要能够更直观地看出设计者想要呈现出的三维空间效果，使设计者的设计思维和设计理念为大众所接受。一幅平面图终究是两维的平面空间，想要表现出更能为公众所接受的更直观的视觉效果，需要借助不同的透视手段来展现出设计者在独特的视角下呈现的设计特点。平视视角下的亲切自然，鸟瞰图的恢宏气势，轴测图的严谨大方，都会给观者不同的视觉感受。

　　平视透视也叫人视角透视，观察角度是以人站在地面上观察形体形成的透视关系，平视更符合人们日常生活中的视觉感受。

平面图转透视图步骤

第一步：分析地基和建筑形态，选取观察角度。选取角度的原则：① 主入口，② 特殊建筑结构，③ 鸟瞰。

第二步：根据选取的角度组织画面构图，确定视平线及建筑主、次立面的大小及位置。

第三步：细致刻画建筑立面。

第四步：加配景，刻画画面空间关系，丰富画面空间层次。

第五步：调整画面主次虚实关系。

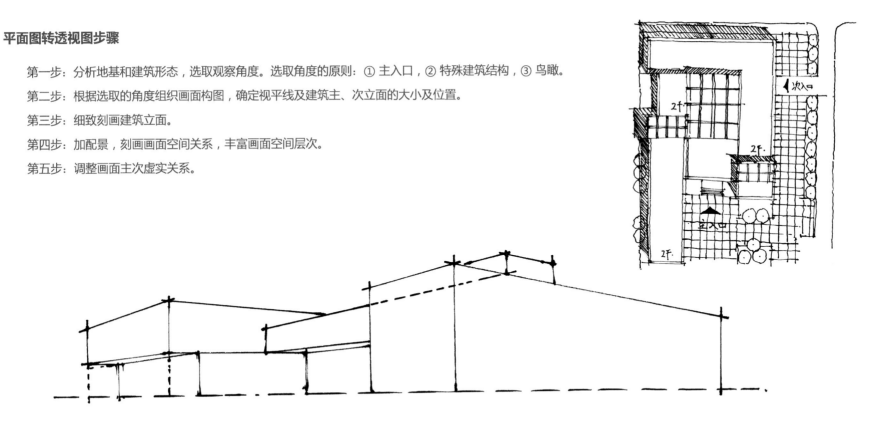

078

在某些平面图中，有些透视角度下的形体建筑较长或者较高时，我们可以选择性地把某些不重要的体块或者有碍画面表达的体块关系弱化甚至遮挡，达到最佳的画面效果。

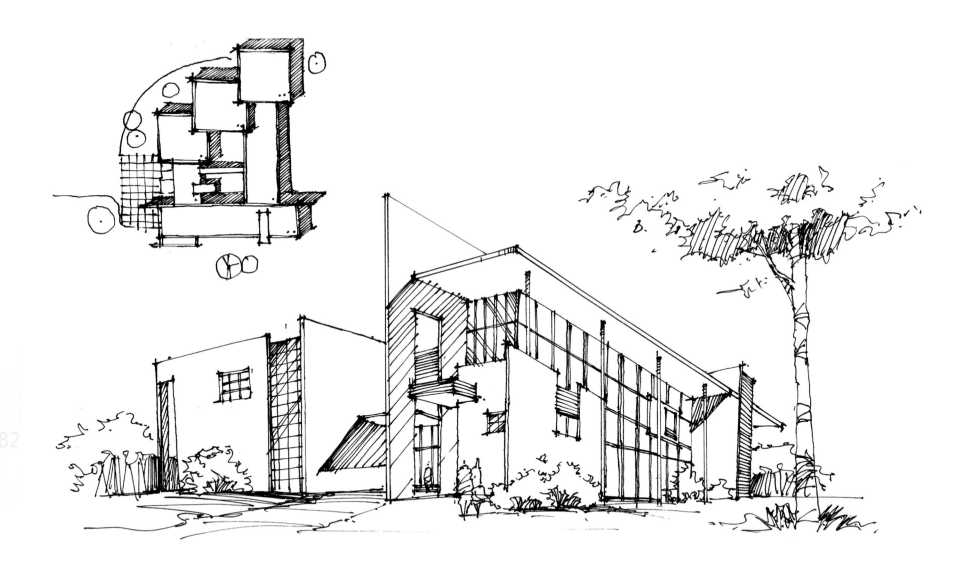

5.2　平面图转鸟瞰图画法

　　当视平线高于建筑时，我们能够观察到建筑的顶面形成鸟瞰的效果。鸟瞰视角下形成的是形体的三点透视关系，建筑的楼高线不再是一成不变的竖直线，而是要向下消失与视中线相交形成地点。鸟瞰图能够呈现形体宏大壮观的场景，表达更加翔实的层次关系和直观的建筑整体造型。

平面图转鸟瞰图步骤

　　第一步：分析地基和建筑形态，选取观察角度。

　　第二步：组织画面构图，根据选好的角度，把建筑平面以两点透视的方式投影到画面。

　　第三步：根据平面中交代的楼层高度作出建筑的高度体块关系。

　　第四步：细致刻画建筑立面，注意前后层次关系以及女儿墙的表达。

　　第五步：以建筑为中心丰富画面，配景的透视及比例要同建筑相协调。

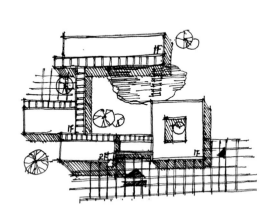

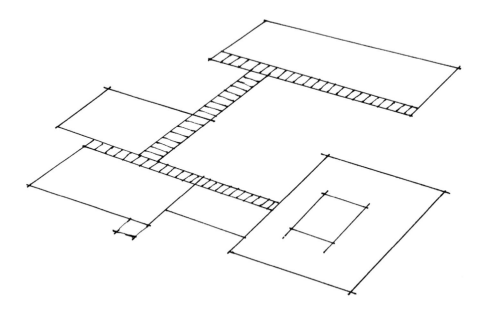

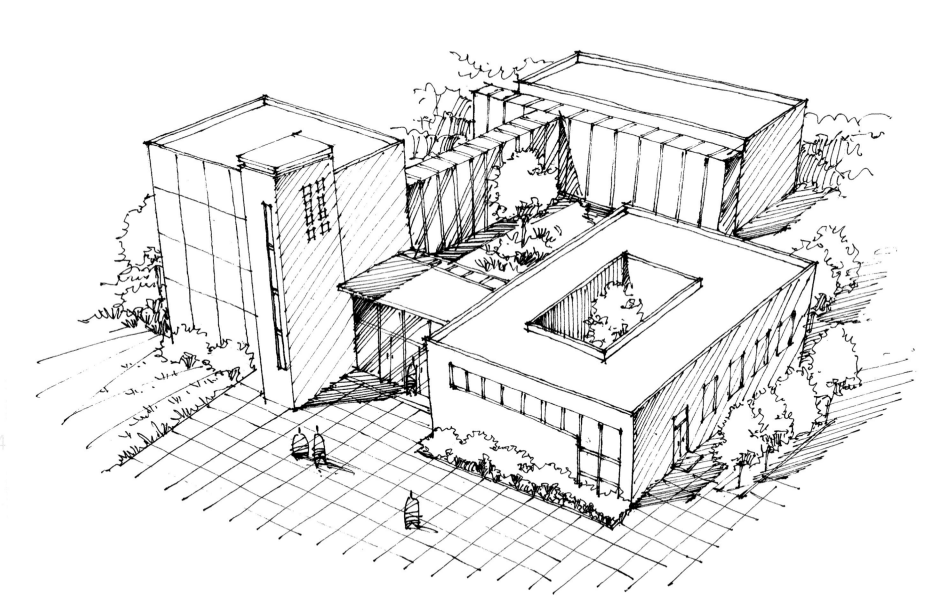

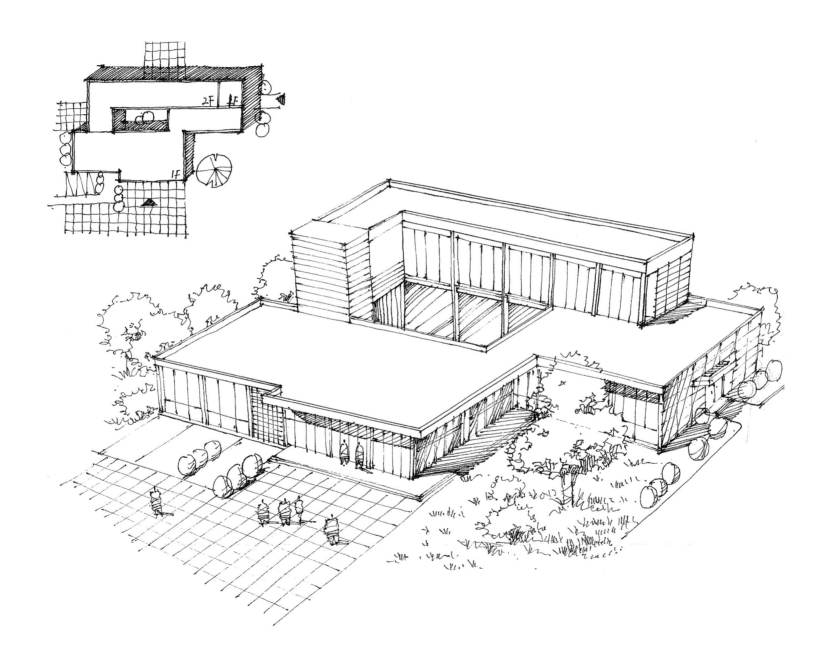

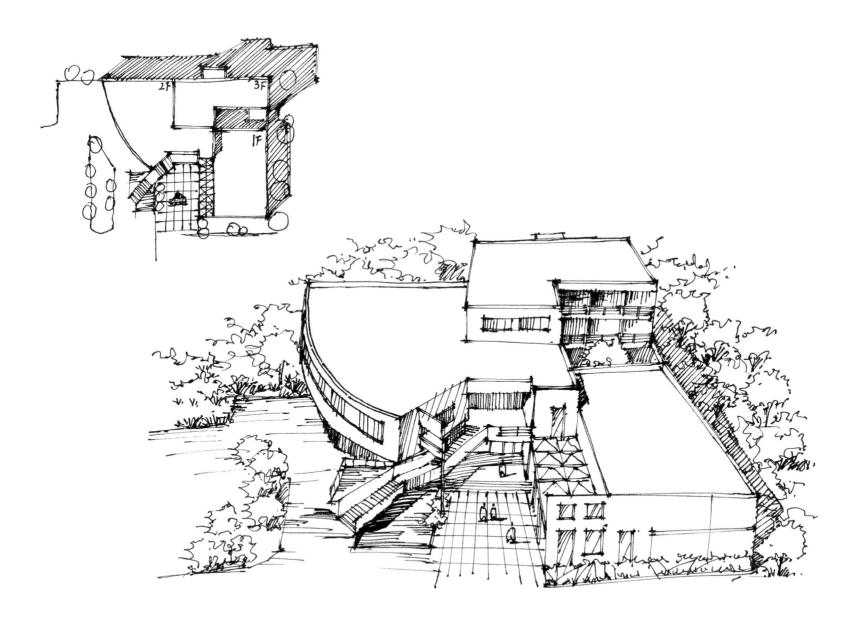

5.3　平面图转轴测图画法

轴测图也是在建筑表现中常用的表现形式，它能更准确地反映出建筑的各个要素比例，一般我们选用与建筑平面偏转 30°或 60°的这种角度关系来做建筑轴测图。

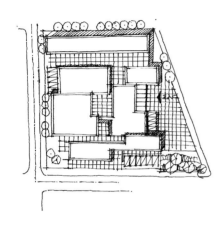

正二轴测

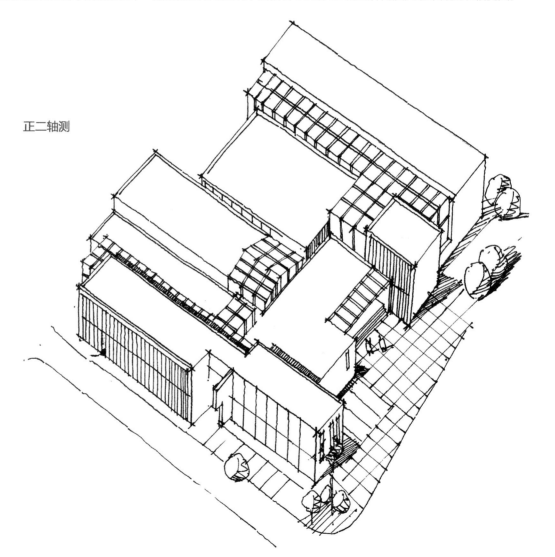

斜二轴测

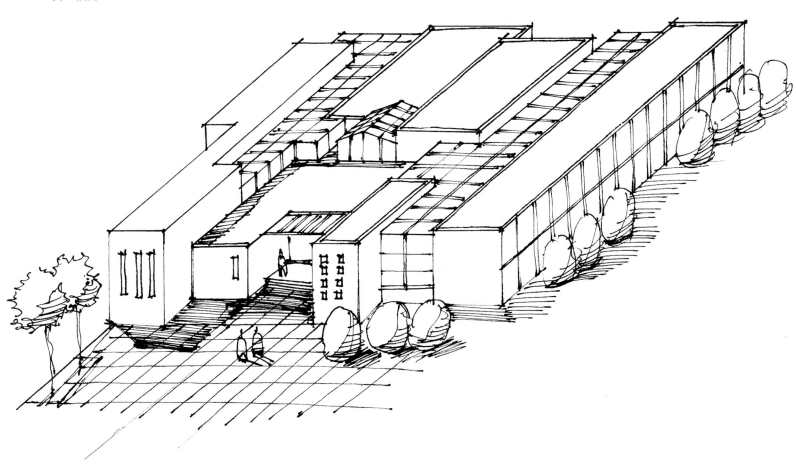

第 6 章　建筑上色画法

6.1　色彩原理

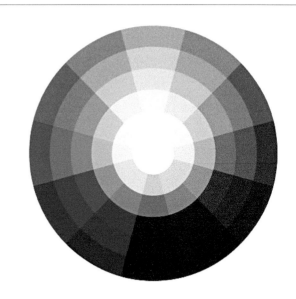

色彩三要素：

色彩三要素是指色相、明度、纯度。色相指色彩颜色倾向，如红、绿、蓝等；明度是指色彩所呈现出的黑白灰关系；纯度是指色彩所包含该种色彩成分的多少。

色彩三原色：

色彩中包含三中基本色彩：红、黄、蓝，被称为色彩三原色。理论上所有的色彩都可以用这三种颜色通过不同比例调和出来。这三种原色两两搭配形成二次色、三次色，最终形成环状色彩关系即色环。色环上 180°位置对应的颜色关系被称为对比色；其中三原色与原色产生的二次色形成的色彩关系有特殊的称谓，即补色，补色是对比最强烈的色彩关系；色环上 60°范围内形成的色彩关系被称为邻近色，也称类比色。

色彩搭配：

单色搭配：由一种色彩通过改变明暗关系来塑造形体空间感。单色搭配主要通过色彩的素描关系来实现画面的层次变化，表现简单易学；不足之处是色彩不丰富，对比关系单调。

同类色搭配：色环上 60°范围内色彩搭配时，画面清新自然，对比柔和，色调感统一和谐，适合表现低对比度的形体关系。

对比色搭配：色环上 180°对应的色彩关系，在画面处理上我们一般追求万绿丛中一点红的画面效果，对比色的应用尤为重要。处理对比色关系时，要注意互为对比色的两种颜色在画面中所占的面积和颜色的纯度。

色调关系：

一幅好的画面要能带给观者身临其境的感受，我们根据色彩的要素分成不同种类的色调关系来表达对画面的不同感受。根据色彩的色相，我们可以分为红色调、黄色调、蓝色调等等；根据色彩的纯度关系，可分为艳色调和灰色调；根据色性关系，我们把画面分成冷色调和暖色调。一幅画面根据不同的分类标准，可能会分成多种色调，但是这幅画面给人的感受要随表达主体的不同而变化，用更符合表现主体的色调关系来表达，如幼儿园建筑表达上要清新自然，用明亮的、对比强烈的颜色来体现儿童的青春活力，在表达办公建筑时，要用稳重的色彩体现建筑的正式与庄重。

色彩的空间关系：

在手绘表达中，我们处理画面就是用不同的方法来组织画面的秩序，比如空间秩序、明暗秩序、虚实秩序等等。在线稿处理空间关系时，我们常用的方法是透视、遮挡、光影；在色彩表达空间过程中，我们还是要从理解色彩的基本元素来认识和表达色彩的空间关系。每一种色彩都会给人带来不同的感受，红色的温暖、热烈、膨胀，蓝色的清冷、平静、忧郁，紫色的神秘、高贵等等。色彩中我们根据这些感受把颜色分成冷色、暖色和中间色性，红、橙、黄为暖色；蓝、紫为冷色；还有一类颜色本身不具备明显的色彩倾向，和其他颜色相比较时才能体现它的色性，这类颜色称为中间色性，包括绿色、黑、白、灰。用色彩表现空间时，纯度关系上近艳远灰，明度关系上近亮远暗，色性关系上近暖远冷。画面表达上把这几方面注意到，就能很轻松地展现出漂亮的画面。

6.2　马克笔表现技法

马克笔是快速表达设计构思及效果图表现中最重要的绘图工具之一，分为酒精性、油性和水性三种，建议大家使用酒精性马克笔。

通过马克笔不同笔触的运用表达不同的效果，马克笔运笔要轻快、肯定，不能发抖，注意对力量的控制。

① 横、竖向笔触：重起轻收，用笔干脆有力，切忌拖泥带水。

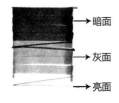

② 斜向笔触：侧锋用笔，注意用笔角度与所表示物体角度的统一性，用笔要稳。

③ 扫笔：快速地运笔，重起轻收，产生虚实与明暗的变化。

④ 色块：用笔完整、错落有致。

⑤ 折笔：呈 N 字形，注意转折关系，用笔连贯，适用于远景树的处理。

⑥ 揉笔：单种颜色处理不同层次变化的形体，例如：天空、植物等。

⑦ 曲线用笔：适用于表现水体和弧形体块，用笔流畅，中间不停顿。

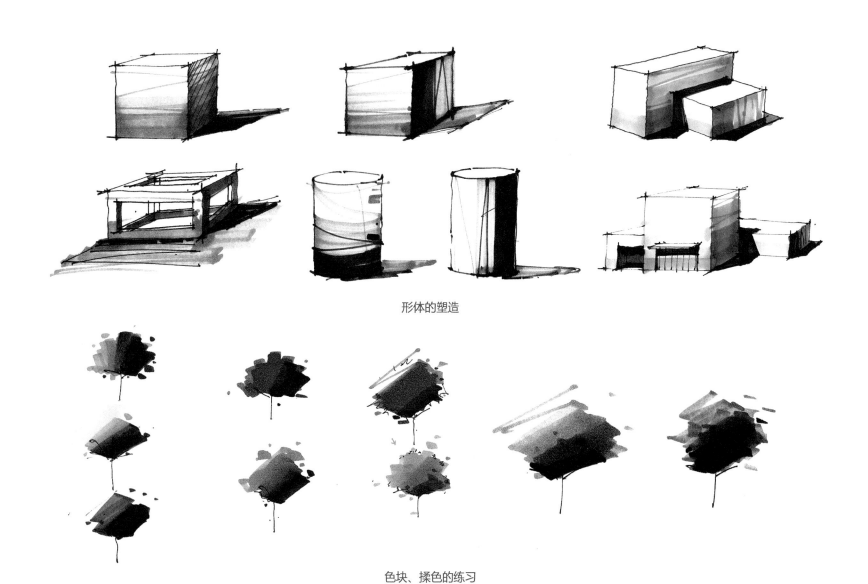

形体的塑造

色块、揉色的练习

6.3 配景上色技法

平面植物在快题表现中起到调和画面、点缀画面的作用，平面树要与植被的颜色保持相同的色系，但明暗对比上要有明确的区分。

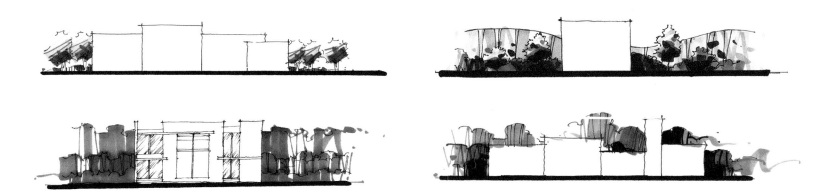

立面植物主要搭配建筑立面图和剖面图，要卡住建筑边缘起到突出建筑主体的作用，与建筑边缘交接的部分颜色要重，立面植物不需过于繁杂，分出明暗层次即可。

灌木在画面中一般成组出现，在用马克表现灌木时可用揉笔和点的笔触相结合，既要用揉笔表现出灌木的体积感，又要配合点的笔触体现活泼蓬松的效果。

　　近景树在透视效果图的配景中分量最重，能很好地拉开画面的空间关系，上色时要与整体画面的色调相协调，艳色调的方案中树冠一般用绿色表现，灰色调的方案中树冠一般用深浅不同的灰色表现，可局部点缀深红色或黄色，树干一般用暖灰色。

　　人物在画面中具有指向和标尺的作用，可以使画面更加活泼生动，这就要求人物的颜色要与周围其他物体的颜色加以区分。人物在画面中所占的面积较小，可以尽量用一些纯度较高的颜色，多采用画面主体色彩的对比色。成组的人物上色时要一个稍浅一个略重，切忌人物的全身都使用相同的色彩，上衣可鲜艳一些，下身用灰色处理。另外，画人物时一定要加投影，否则重量感不足，会显得发飘。

　　马克笔表现水景时要注意颜色的层次关系，明暗对比要格外加强，重颜色一定要重得下去，才能体现出水清澈透亮的质感，同时水的颜色又受到周围环境的影响，可以在水的颜色里加入一些环境色，从而让图面更加的和谐生动。

　　天空通常依托建筑而存在，体现建筑在前天空在后的空间层次和饱满的画面氛围。天空的色彩表达通常用揉笔的笔触来处理，靠近建筑视觉中心点的位置可以重点刻画：颜色加重或多刻画两个层次。色彩的块面上通常视觉中心点面积较大，要有聚散、轻重、疏密的虚实关系。

6.4　小体块色调练习

　　建筑体块马克色彩的表达重在训练学生对整个空间色调的把握，抛弃细节的处理，注重体块间各面的塑造、黑白灰关系以及各种色调中色彩的搭配。适合初学者对建筑形体马克上色的迅速掌握。

6.5　建筑上色画法步骤

第一步：画完线稿之后，先把大的颜色铺出来。把建筑的背光面用冷灰的颜色先表达出来，区分出大的明暗关系，用冷灰色 CG（Cool Grey）最浅的颜色铺第一遍，再用中间色铺第二遍。注意铺建筑的底色时笔触要整齐大方、要一气呵成切勿揉笔。建筑周边环境也要做一个底色，我们在表达植物时要用暖灰色，为了区分出画面中的冷暖关系，近景树先用重颜色也就是暖灰色（Warm Grey）WG9 表现出它的暗部，这样使得画面比较稳重。远景树在用笔时笔触要干脆利落，切勿拖泥带水。注意建筑材质的表达。

第二步：进一步刻画建筑的暗部及其投影。投影要比暗部略重一些，强调出对比关系，切记暗部与投影颜色一样重，否则会使画面失去层次关系。要区分出玻璃与木质结构的关系。把近景树的灰面用折笔与揉笔的方式表达出来。木质结构我们用 Touch 牌马克笔 101 号去表达，这样更接近木质的颜色而使画面显得更加生动。配景人物用暗红色去表达，使画面更加活泼一些富有生气。地面我们运用纵向排笔的方法去表达，使得建筑与地面更加吻合。

101

第三步

第三步：这一步是比较出彩的一步，刻画玻璃时要注意在光的照射下玻璃产生的深浅变化；天空运用揉笔的手法去表达显得画面颇为生动，使这种随意的笔触与主体建筑刚性硬朗的笔触形成强烈的虚实对比；处理地面与建筑的关系时，在建筑与植物交接的位置颜色要更重一些，使得建筑更加稳重。

6.6　作品欣赏

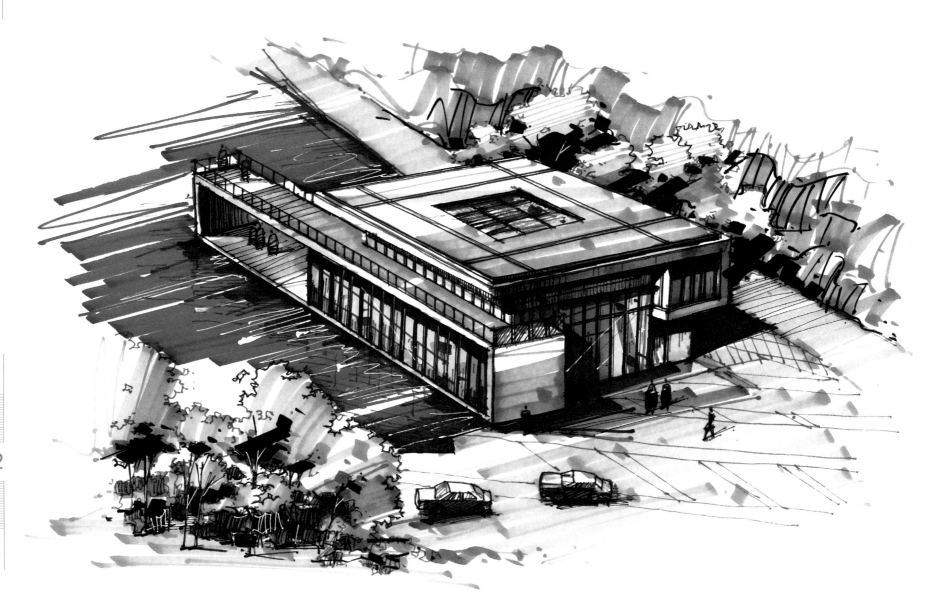

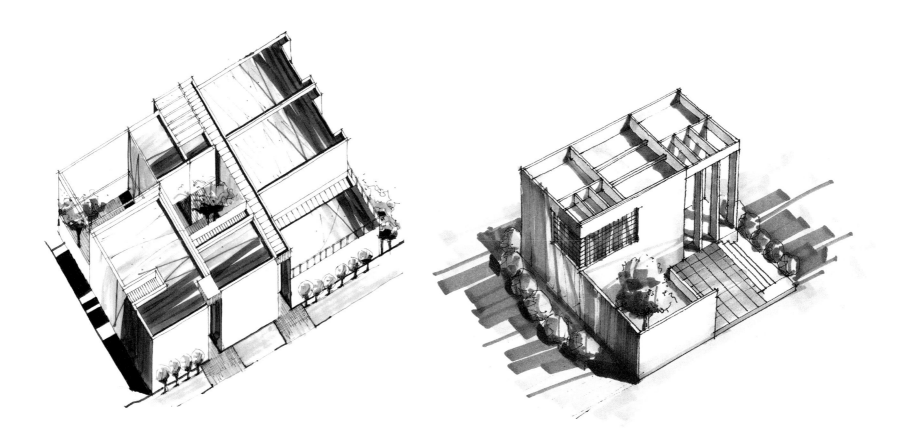

第 7 章　建筑快速设计方法及表现

7.1 快速设计方法

许多同学常常遇到这样的情况，明明画得很漂亮的方案却得不到意想中的高分，看上去平平的方案，却得到较好的评价，得到设计成绩后，心里也是糊里糊涂的，甚至对评卷人产生质疑。什么样的设计作品才能过被称为优秀作品？一般来说，在评价一个快速设计作品时，确实存在某些原则性的指标可遵循。把握这些，在今后做设计时就能做到有的放矢，对于同学们今后的学习有重要意义。

7.1.1 总平面的布置

1. 分项评价指标

① 建筑场地出入口与城市道路连接合理。

② 正确处理建筑与特定条件的结合与避让，使周边道路条件、自然环境、历史文化环境与建筑物形成良好、和谐的对话关系。

③ 对用地内设置的限定条件（如保留古树、水体、古塔、原有建筑物、地形变化等）的考虑。

④ 场地内部道路安排与交通组织。

⑤ 地面停车的考虑，地下室出入口位置的选择。

⑥ 所有用地内设计要素是否符合相关规范的要求。

⑦ 总体空间处理及序列组织。

2. 常见问题

① 建筑缺乏与环境的联系。

② 对于基地内特定条件缺乏考虑，处理不当。

③ 场地内交通组织混乱，如出入口选择不合理等。

7.1.2 功能分区

1. 分项评价指标

① 功能分区明确，合理安排各种内容不同的区划。

② 平面和竖向功能分区合理。

③ 妥善安排辅助用房，如卫生间的布局与设计。

④ 准确控制建筑总面积与各房间面积。

2. 常见问题

① 分区混乱或缺乏分区概念。

② 对应不同功能的面积分配不合理。

7.1.3 交通流线组织

1. 分项评价指标

① 建筑物主要出入口与次要出入口的位置选择合理；出入口处留有一定空间。

② 流线通顺简洁且互不干扰，合理设置交通枢纽（楼梯、电梯等）及相关交通空间。

2. 常见问题

① 出入口位置不当，空间导向不明确，出入口处交通组织混乱。

② 楼梯数量不够、位置不当，楼梯之间的距离不符合规范要求的最小数量。

7.1.4 建筑空间组织

1. 分项评价指标

① 各部分在空间组织上有章法，空间形成序列感与层次性，空间具有一定的趣味性。

② 内外空间应当有一定的过渡处理。

2. 常见问题

① 空间组织过于直白，缺乏应有的变化。

② 平面凌乱，房间组合随意，建筑内部各部分之间缺乏组织。

7.1.5 结构选型

1. 分析评价指标

① 结构类型选择得当，轴线尺寸合理，开间、进深同时满足功能要求。

② 建筑高度与层高同时满足结构合理和空间使用要求，平面力求规整，建筑结构刚度分布均匀。

2. 常见问题

① 结构类型不明确，轴线不对位，错动过大，开间、进深尺寸变化过多。

② 柱截面尺寸过小，一般 400mm×400mm、600mm×600mm 为较合理尺寸；层高过大或者过小，柱子的长细比不合理，局部突出尺寸过大。

③ 空间刚度分布不均匀（一般大空间布置在建筑上部，小空间布置在下部较合理）。

7.1.6 图纸内容表述

1. 分项评价指标

图面内容逻辑清晰，容易读图；图底分明，图纸内容主次有别，构图匀称、主体突出。

绘制清晰、图面明快，用色得体，重点明确。

表达到位，室内外关系清晰，环境处理得体。

2. 常见问题

图纸内容凌乱或者拥挤，缺乏构图中心，构图过于扩张，色彩过杂，画面色调不统一。

7.2 快题设计表现技巧解析

一张快题就像是人的一张脸，而快题中所包含的平面图、立面图、剖面图、效果图等快题元素则是这张脸上的五官，如何把这些内容有秩序地排列显现出这张漂亮的"脸"，其中有一些原则是需要遵循的。

版面一定要均匀饱满、图面平衡，各图组之间的关系一目了然，否则，这张"脸"就显得嘴歪眼斜。首层

平面在快题中往往体现主要的设计想法，包括交通流线组织和功能分区，而效果图在画面中能给予观者最直观的视觉感受，所以这两个图幅在画面中要排在显眼并且规整的位置上；立面图、剖面图在画面中所占图幅面积较少，但这两者之间比例关系相同，所以这两者通常横向或纵向排列在一起，尽量不要将其分开表现。

7.2.1 版式设计

版式设计体现了一名未来建筑师的审美及对总体图文的布局把控能力，好的版式无疑也为设计加分添彩，以下就是几种常见的快题排版形式。

A1竖向版式设计

A1横向版式设计

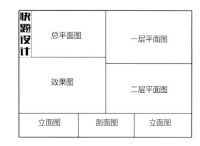

A2版式设计

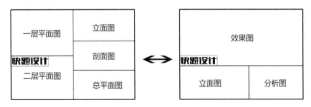 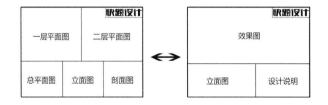

7.2.2 标题及设计说明

在设计表现中，标题在版面中的大小、位置、样式等也是至关重要的，美观的字体效果不仅能为画面增彩，还可以起到平衡画面的作用。标题不要写自己的狂草，最好学学那些一笔一画、规规矩矩的艺术字，尽量在画面中贴边压角，根据版面，横向或竖向都可以，可以用铅笔打好格，写在格里。在 A2 大小的图幅上字体一般设计成 4cm×4cm 大小，A1 图幅上可根据版面情况设计为 4cm×4cm、5cm×5cm 见方，不要太大，大则傻，小则巧。虽然老师不会根据大字的好坏评分，"但是实在没法看的字也很影响老师的心情"。

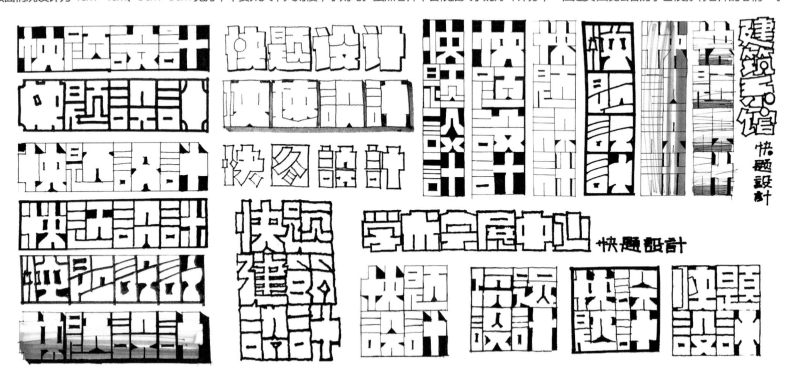

技术指标和设计说明这类文字，在画面中填充空余，写设计说明要先用铅笔打横（或竖）线格，线不要擦。设计说明可以写得快一点，但要写清楚，整齐。不要不分段落地写一大堆，要分成几部分，每部分写两三句话。快题版式设计不是一成不变的，应根据基地的形状大小灵活运用，让各个画幅相互之间饱满、整体、有关联。

7.2.3　总平面图

总平面图处理的是建筑与周边环境的关系，在总平面图中要表现出来建筑入口的开口方向、建筑的层数、投影、指北针、植物。主、次入口的标注要明确，楼层的层数用数字或点在建筑边角的同一位置标注，建筑投影要根据指北针的方向作 45°角倾斜，投影长度与楼层高度成正比。

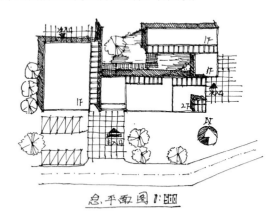

总平面图 1:500

7.2.4　一层平面图

一层平面图反映的是设计中的功能分区与交通流线组织，要求功能合理、流线清晰。考研快题中常见的柱网间距为 6m×6m、8m×8m，当然也有其他排列方式，如 6m×8m、7.2m×7.2m，为了方便排列和计算，我们最常用的为 8m×8m。柱子通常作 3mm×3mm 的小方块，如 ▨；或 2mm×2mm 的小方块，如 ▨。

在快题中，墙线用双线表达，抖线或直线都可，中间用重灰色填充，窗户部分留白，两条墙线间距一般为 1.5mm。

在平面中，门的表达主要可分为以下几种：

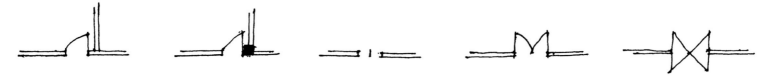

单扇门宽度为 900mm，双扇门为 1400mm 或 1500mm，主、次入口为外开，门的大小要与门框大小一致，门与柱子挨着时，直接贴着柱子，与墙挨着时要留出 100mm 再开门。

室内门厅标高为 $\underset{\triangledown}{\pm 0.000}$。

相对应的门厅外也要做标高，一般室内外高差为三步阶梯 $\underset{\triangledown}{-0.450}$。

室内只要有高差都要做标高。

楼梯的指向：平面图主、次入口台阶的箭头，一律写"下"，指示疏散方向，室内楼梯顶层标"下"，其余标"上"。

楼梯的剖断符号向墙体方向倾斜。

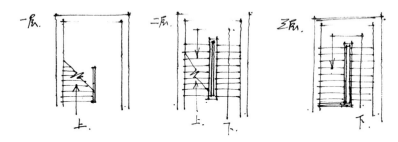

在快题中，首层平面图如与总平面图相隔较近，可共用一个指北针，如果相距较远或两个图幅有转向的，则首层平面图和总平面图都要画指北针，房间名要用工整的仿宋字体写在房间的正中央，若干功能相同的小房间可以写一个房间名用线串联起来。基地范围内除了建筑主体外，空余部分的空间可种树，让图面更加丰富，但是要注意树冠的大小，树与墙体间距不宜过近，树不宜过多过密，一般两到三棵形成一组，主入口处一定要加铺装，以体现入口的位置和开口方向。

7.2.5　**建筑立面图**

立面图一般与效果图所体现的图面相对应，在立面图中要体现建筑的前后空间关系，上颜色时一般为近亮远暗，后面的体块略加重一些，还要求体现出墙体材质的变化。开窗比例与平面相对应，要符合建筑功能风格，且有前后关系的体块要表现投影的关系。

7.2.6　**剖面图**

快题中的剖面图要表现出建筑内部结构关系，在平面图中，剖切符号的剖线长且细，看线短且粗。

剖切到柱子、楼板、梁深等混凝土材质要涂黑，在剖面图中表现出墙、柱子、梁深线、女儿墙、看线，剖到窗户时要用三条线表现；建筑上没剖到的地方按立面图表现，剖面图要标注各个有高差变化的标高。选择剖切位置时，一般选择门厅等具有特点的地方，避免正面剖向楼梯等复杂结构。

剖切符号

7.3 具体案例设计步骤及表达

　　建筑快题设计要求在一个很短的时间内完成建筑设计，从文字的要求到图形的表达。快速建筑方案设计的工作状态可以在短时间内充分调动设计者的创作激情，促进思维不停地流动，同时，敏锐的目光扫瞄着模糊而不确定的图示意念，并在手与脑之间反复而迅速地传递设计信息。所有这些设计行为，都集中于设计者一身而成为和谐配合的有机整体。因此，设计者若能经常在这种状态下展开建筑方案设计，久而久之，必将大大提高思维能力和方案能力。这就是建筑系学生的设计基本功，抑或是建筑师的设计素质。

　　现在我们就以"公园茶室设计"一案为大家分析从看到任务书开始如何一步步地展开设计。

7.3.1 公园茶室设计

　　南京玄武湖公园为了增加园内景点，并周到地为游客服务，拟在公园附近地段内建造一座茶室，总建筑面积不超过 500m²。

　　该地段东临湖面，东北远处为紫金山，景观甚佳。地段西侧为游客主要人流方向，缓坡台上有一游廊。基地内有一个古树需要保留。

1. 设计内容

① 茶室：90m²（另设电烧开水间 8m²）。

② 冷热饮厅：60m²（另设工作间 8m²）。

③ 小吃部：60m²（另设准备间 8m²）。

④ 管理室：2×15m²。

⑤ 食品、饮料库：30m²。

⑥ 办公，厕所（男女各 1 个蹲位）。

注：该地段附近有公厕，可不设游客厕所。

2. 设计要求

① 紧密结合用地环境条件，充分考虑景观要求，在用地范围内合理布点。

② 平面功能合理，分区明确，各游客用房都有好的景向。

③ 造型轻盈，尺度适宜，符合公园景点建筑特点。

3. 图纸要求

① 总平面图：1∶500（可画地段周边环境）。

② 平面图：1∶200。

③ 立面图：（2个）1∶200。

④ 剖面图：（1个）1∶200。

⑤ 透视表现方法不拘。

4. 时间

6 小时。

1∶1000

7.3.2 建筑方案设计分析

如何一步一步地快速展开建筑方案的设计呢？当然，首先要仔细阅读设计任务书，认真分析设计内外条件，正确把握出题人的意图，在此基础上才能开始动手设计。

1. 场地布局

① 通过道路的分析可以把握人流的密集程度和人流方向。一般来说，场地的入口应迎合主要人流方向，这样才能体现场地入口选择的目的性，本题目中已明确告知地段西侧为游客主要人流方向，所以入口的设置也就相当明了了。

② "图底"关系的把握。建筑——"图"不可能全部占满，总要留出诸如广场、道路、庭院类的"底"，注意基地内的特有因素，比如本题中所要求的对基地内的古树要进行保留。

由图上可以看出，此古树在建筑设计范围的中心处，设计时也可围绕此树进行空间的布局，要使空间丰富合理，有实有虚，具有层次性。

2. 功能分区

在快速设计开始，首先关心的不应该是各个房间的大小、形状，对于功能比较复杂的建筑，要避免陷入对单个房间的分析，否则会失去对全局的把握，所以要从功能分区开始，把复杂的问题简单化，把若干功能相近的内容归类成为几个区，分析几个区的配置关系就比较容易把握。同时这个分析过程要借助于"泡泡图"来进行，以便把逻辑思维转换成图示思维。在这套设计中，将同类项合并为功能区——使用、管理、后勤三大类，针对主、次出入口的位置，合理地确定三个功能区的位置。后勤功能区要接近次入口，管理功能区要接近主入口，使用功能区则在图的最重要的位置。此地段东临湖面，景观视线最佳，故将茶室安排在贴近水面的位置，人们在此品茶、思考、观景、畅谈，将是无比惬意的事。

当功能分区的格局确定，对单个房间的分析就不会出现大的功能紊乱的错误，即使有不完善之处，调整也不会影响全局。但是功能的内容要靠空间形式组织起来，竖向的分析也要进行思考，因为建筑面积较小，本例设计成了单层的形式，在此就不再对竖向垂直空间做过多的分析了。

3. 流线分析

任务书已提及地段西侧为游客主要人流方向，所以将主入口安排在偏西侧的位置最合理，进入主入口为门厅，紧接着安排休息区进行缓冲。本案例中地形越靠近水面地势越低，故而休息区之后设置下沉踏步及走廊，将人员引流至茶室、冷热饮厅、小吃部等主要服务性空间。给人以明确的方向感。办公及管理空间一侧设置次入口，使服务人员与被服务人员流线避免交叉。

4. 房间布局

将每个功能区内的若干房间，逐步分层次向下分析功能关系，直到每个房间在各自的功能区内找到合适的位置。根据

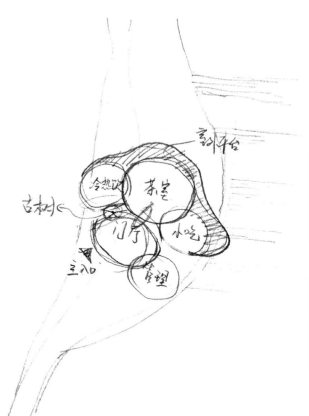

大概的功能布局，依照大布局不动、微调的原则，将每个房间的面积、位置、交通联系具体化。任务书注明设计时可不设游客厕所，这里仅在管理办公区内设置了洗手间，供固定办公人员使用，洗手间的位置既不能过于深入，也要适当隐蔽。

5. 体块生成

体型的空间形态要大体符合造型美的规律，对于立面形式要重点处理好主入口的空间形式表现，加上颇有趣味的开窗形式，形成丰富多彩的形体组合。本设计布局接近方形，设计体块也多为大小不一的方体组合，体量不大，为了更好地体现建筑全貌，故而采用了鸟瞰的形式加以表现。

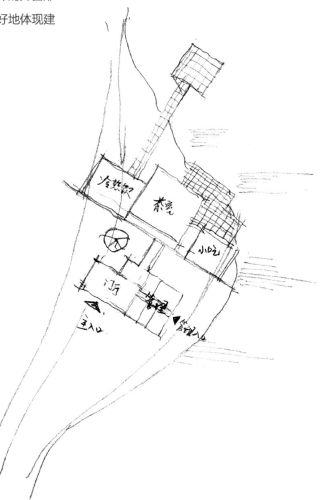

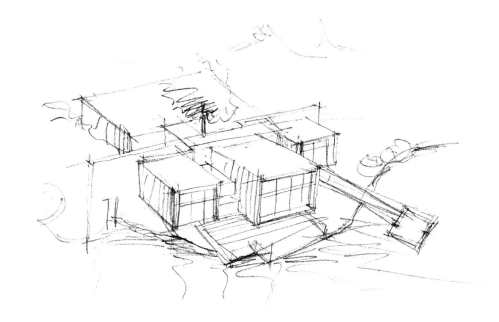

7.4　案例评析

7.4.1　公园茶室设计

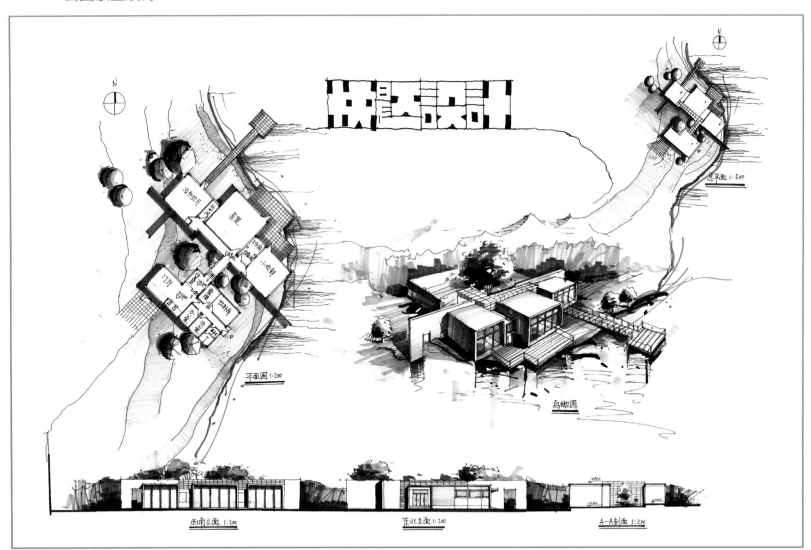

快题类型：

公园茶室设计

作　　者：

严艺

表现方法：

会议笔 + 马克

表现图幅：

A1

用　　纸：

普通绘图纸

用　　时：

6 小时

图纸尺寸：

594mm×841mm

方案点评：

平面功能非常合理，图面表达清晰，立面造型美观大方，穿插简洁活泼，空间虚实变化得当，与水面环境结合良好，是一份较优秀的考卷。注意总平面应标出用地范围及周边环境。

133

快题类型:

公园茶室设计

作　者:

刘哲

表现方法:

会议笔 + 马克

表现图幅:

A1

用　纸:

普通绘图纸

用　时:

6 小时

图纸尺寸:

594mm×841mm

方案点评:

功能分析明确,图面
表达清晰,茶室均有
良好的视线,对古树
进行了适当的保护。
但总平面未标出用
地范围,主入口与周
边地形呼应不够;一
层未标出剖切位置;
二层平面应画上楼
梯;庭院内弧形连廊
略显多余。

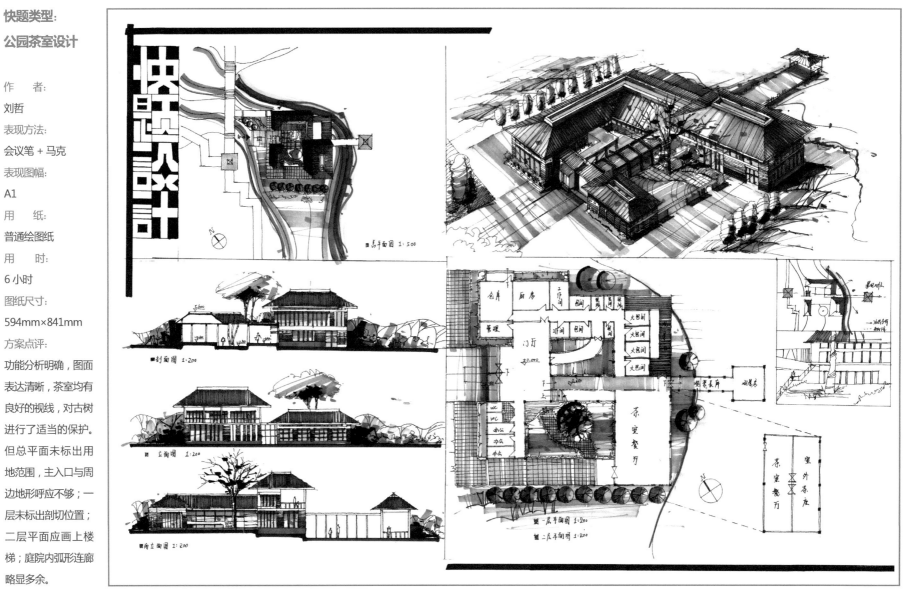

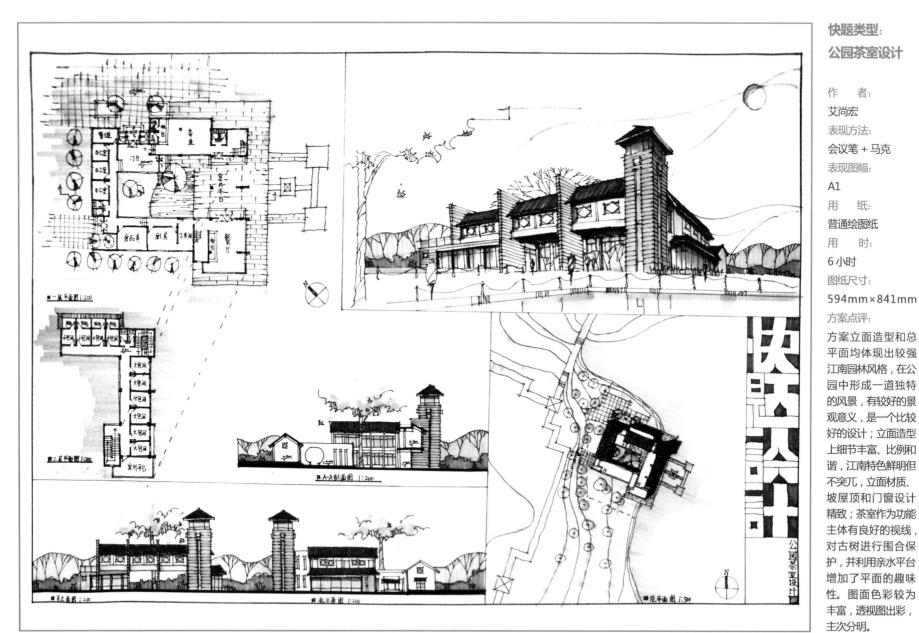

快题类型:

公园茶室设计

作　者:

艾尚宏

表现方法:

会议笔 + 马克

表现图幅:

A1

用　纸:

普通绘图纸

用　时:

6小时

图纸尺寸:

594mm×841mm

方案点评:

方案立面造型和总平面均体现出较强江南园林风格,在公园中形成一道独特的风景,有较好的景观意义,是一个比较好的设计;立面造型上细节丰富、比例和谐,江南特色鲜明但不突兀,立面材质、坡屋顶和门窗设计精致;茶室作为功能主体有良好的视线,对古树进行围合保护,并利用亲水平台增加了平面的趣味性。图面色彩较为丰富,透视图出彩,主次分明。

135

快题类型:

公园茶室设计

作　者:

佚名

表现方法:

会议笔 + 马克

表现图幅:

A1

用　纸:

普通绘图纸

用　时:

6 小时

图纸尺寸:

594mm×841mm

方案点评:

功能分区合理,流线清晰,茶室与水面结合良好,空间变化丰富。但透视图表达不够准确。

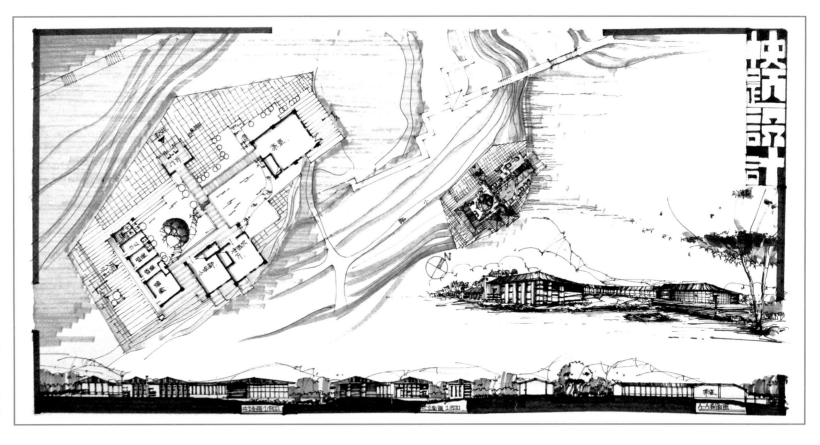

7.4.2　青年旅社设计

　　某市拟在市中心一民国历史保护地段建设一座青年旅社。场地周边均为 3、4 层老建筑，东侧为一军事管理区，有围墙分隔。附近还有一座历史纪念馆。场地北面临街，内部必须满足消防及退让要求，考虑道路及绿化布置。场地中现有树木可考虑保留。

1. 设计内容

　　① 18 ~ 21 间客房，每间面积约 30 ~ 45m^2。

　　② 餐厅约 120m^2，其中包括 60m^2 厨房。餐厅中 10m^2 作为公共自助厨房。餐厅可兼作咖啡厅。

　　③ 管理用房 3 间，共约 60m^2，其中一间为储藏室。

　　④ 活动用房 50 ~ 80m^2。

　　⑤ 其他相应部分：门厅、楼梯、公共卫生间等公共部分自定。

　　⑥ 建筑面积控制在 1500m^2 左右。

　　⑦ 场地内考虑 4 个小车停车位。

　　⑧ 按城市规划及所处地段特殊要求，建筑层数不多于 3 层，总高度 ≤ 10m。

2. 设计要求

　　① 总平面图（要求表达基地周边环境）：1：500。

　　② 各层平面图：1：200。

　　③ 立面图（2 个）：1：200。

　　④ 剖面图（自定）：1：200。

　　⑤ 表现及分析图：数量与方式不限。

　　注：图纸一张，图幅不限。

快题类型：

青年旅社设计

作　　者：

刘哲

表现方法：

会议笔＋马克

表现图幅：

A1

用　　纸：

普通绘图纸

用　　时：

6小时

图纸尺寸：

594mm×841mm

方案点评：

功能分区明确，表达清晰，造型优美，是一份较好的考卷。但厨房出入口位置不合理，餐厅应与大厅有联系。

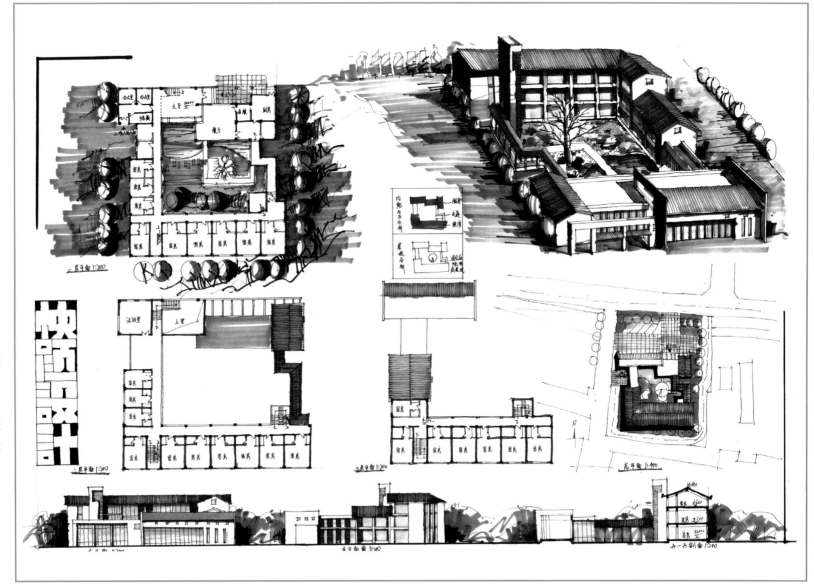

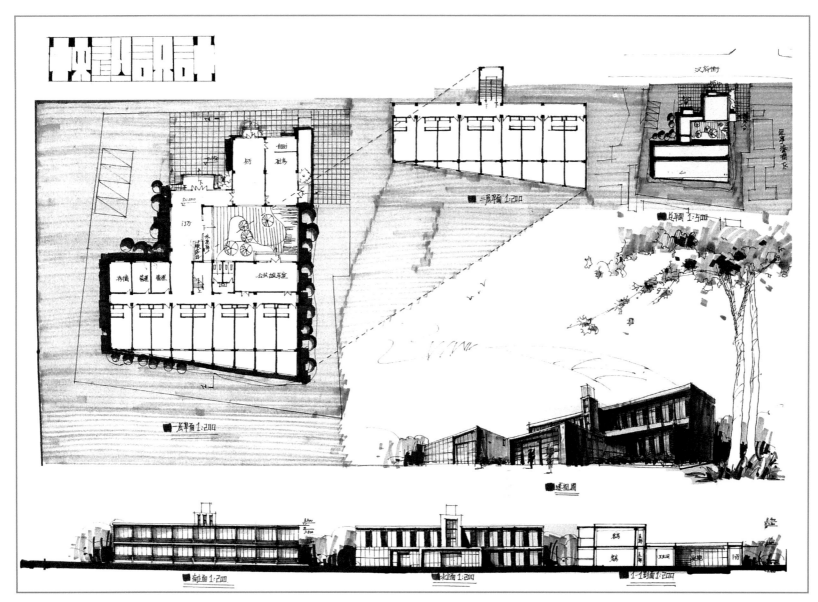

快题类型:

青年旅社设计

作　者:

佚名

表现方法:

会议笔 + 马克

表现图幅:

A1

用　纸:

普通绘图纸

用　时:

6 小时

图纸尺寸:

594mm×841mm

方案点评:

功能分区基本明确,
宾馆、餐厅、厨房出
入口分区清晰。但主
入口不应正对室内
的转角墙;楼梯间
离出入口太远不符
合规范;公共娱乐室
离客房太近;南侧斜
阳台设置略显牵强,
立面缺少特色。

快题类型:

青年旅社设计

作　　者:

佚名

表现方法:

会议笔 + 马克

表现图幅:

A1

用　　纸:

普通绘图纸

用　　时:

6 小时

图纸尺寸:

594mm×841mm

方案点评:

功能分区基本合理,
图面表达清晰。但平
面右上角三部楼梯
在一起浪费严重。

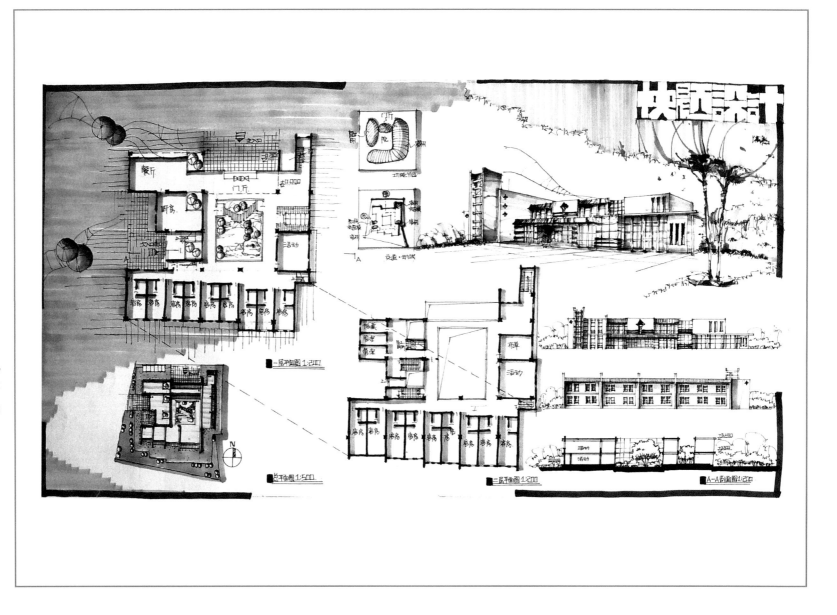

7.4.3　某会议中心规划与建筑设计

1. 设计任务

　　某单位拟在该市郊区兴建会议中心一座，供本单位短期集中开会和度假之用，并可对外出租使用。该会议中心占地 1 公顷，总建筑面积为 6540m²。其中只需设计公共活动部分的单体计 1400m²。

2. 基地条件

　　该用地地处郊区干道之东侧，隔 50m 树林与湖面相邻，其基地宽 60 ~ 70m，长 150m。内有若干名贵树和树丛及顽石需要保留。在用地东南向有一景观极佳的湖中岛。湖岸北段地势较缓，南段湖岸陡峭。

3. 项目内容

　　（1）会议部分：1500m²

　　（2）餐饮部分：800m²

　　（3）公共活动：1400m²

　　① 多功能厅 200m²。

　　② 小活动室 4×40m²。

　　③ 阅览室 120m²。

　　④ 健身房 120m²。

　　⑤ 桌球室 120m²。

　　⑥ 茶室 60m²。

　　⑦ 网吧 60m²。

　　⑧ 小卖 30m²。

　　⑨ 管理 15m²。

　　⑩ 贮藏 15m²。

　　⑪ 男女卫生间 2×15m²。

　　⑫ 其他 470m²。

　　（4）住宿部分：2600m²

　　（5）行政部分：240m²

4. 设计要求

　　① 紧密结合用地环境与条件，做好规划设计。

　　② 做好"公共活动部分"的单体设计。

5. 图纸要求

　　① 总平面图：1：1000。

　　② 公共活动部分各层平面图：1：200。

　　③ 公共活动部分剖面图（1个）：1：200。

　　④ 公共活动部分立面图（2个）：1：200。

　　⑤ 透视表现方法不拘。

6. 时间

　　6 小时。

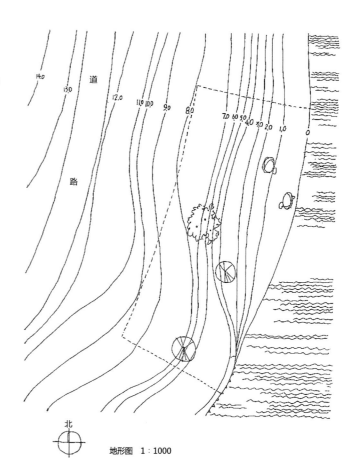

北

地形图　1：1000

快题类型:

会议中心设计

作　者:

刘哲

表现方法:

会议笔 + 马克

表现图幅:

A1

用　纸:

普通绘图纸

用　时:

6 小时

图纸尺寸:

594mm×841mm

方案点评:

功能分区合理,透视图表达准确,造型空间感强,穿插得当。注意总平面图中各建筑应标注名称,标出本设计所在位置,标明各出入口位置。

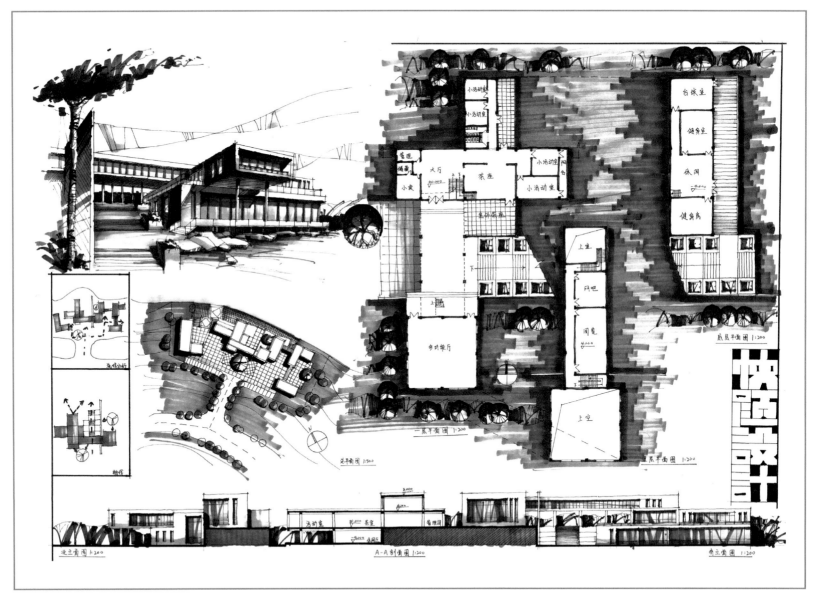

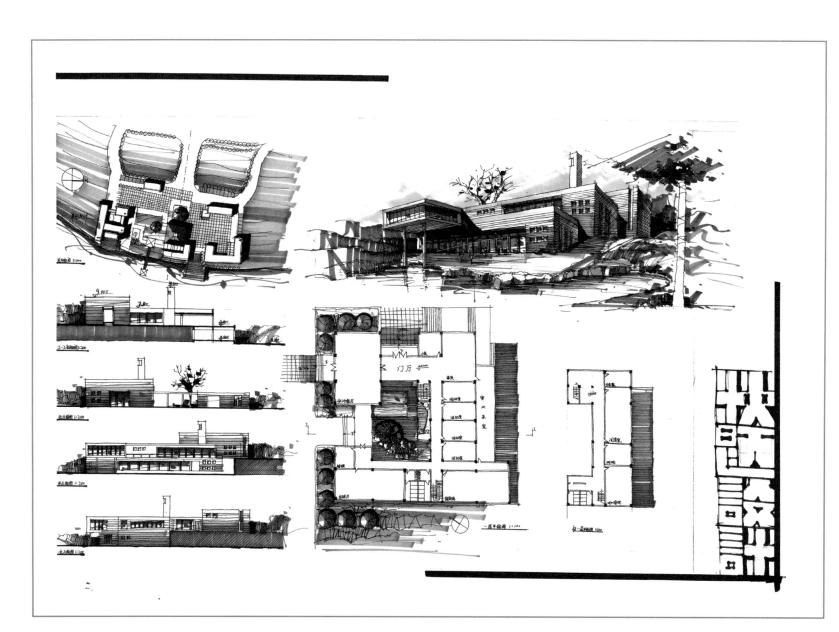

快题类型:

会议中心设计

作　者:

艾尚宏

表现方法:

会议笔 + 马克

表现图幅:

A1

用　纸:

普通绘图纸

用　时:

6 小时

图纸尺寸:

594mmx841mm

方案点评:

功能分区合理,流线清晰,透视图表达基本准确。注意总平面图中应标明各建筑名称,标出本设计所在位置,标明各出入口位置;应标清楚各层平面名称;南面楼梯底层应设疏散出口。

143

7.4.4　图书馆建筑方案设计

1. 场地条件

为适应职业技术教育的需要，武汉市某重点职业技术中学拟兴建图书馆一座，藏书量约为 50 万册，其选址位于学校教学中心区的一片空地上，南面为水面，北面为教学楼，东面为小树林，西面为校行政办公大楼（详见附图）。要求建筑功能设计合理，造型新颖别致，能够反映建筑的时代特征。

2. 建筑规模及空间要求

（1）总建筑面积：3545m²

（2）功能及空间要求

阅览室：

普通阅览室，250m²；

科技阅览室，250m²；

期刊阅览室，250m²；

视听阅览室，250m²；

社科阅览室，250m²；

开架阅览室，250m²。

研究室：15m²/间 x8。

书库：1200m²。

出纳与目录：300m²。

报告厅：200m²。

内部管理及业务技术用房：

办公室：15m²x6，采编室：30m²，装订室：30m²，照相室：30m²，复印室：15m²，储藏室：15m²x2。

门厅、走道、卫生间、更衣室及存包处等空间可根据需要设置。

3. 图纸要求

总平面图：1：500，可附必要的文字说明。

各层平面图：1：200，注明各层面积。

立面图（2个）：1：200，注明关键位置标高。

剖面图：1：200，注明各楼层及关键位置标高。

透视图：不小于 A3 大小，表现方式不限。

4. 考试时间

6 小时。

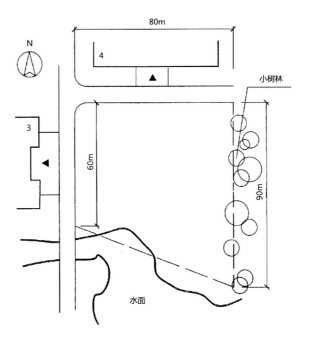

总平面示意图

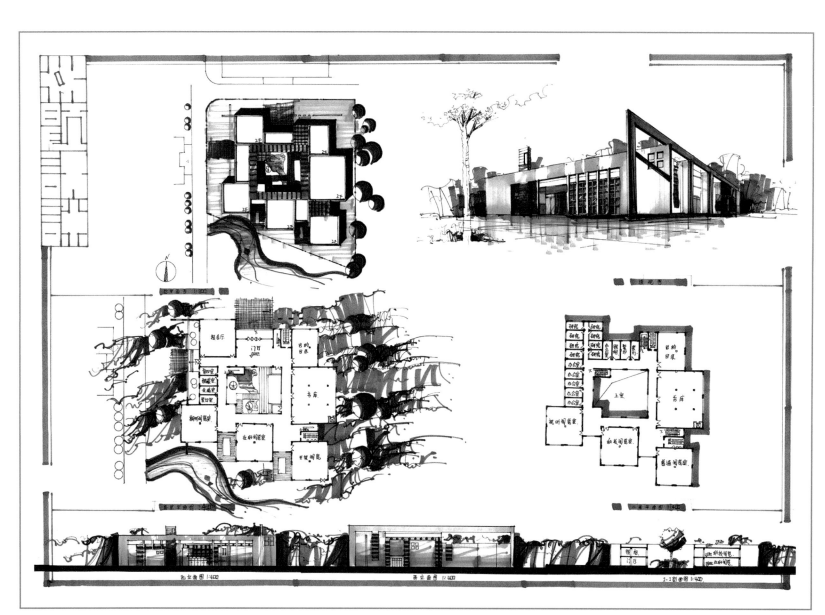

快题类型:
图书馆建筑方案
设计

作　者:
李楠
表现方法:
会议笔 + 马克
表现图幅:
A1
用　纸:
普通绘图纸
用　时:
6 小时
图纸尺寸:
594mm×841mm
方案点评:

方案表达上信息比较丰富,但色彩偏单一,重色较多会使整张图显得比较沉重,应该多一些亮色;配景重复性偏高而显得单一。方案中利用构架的重复使得入口的方向性和空间的引导性较好;但平面图中阅览室的位置有不恰当之处。总平面图上对基地的形状进行了呼应,但韵律感需要再加强一些。

145

快题类型：

图书馆建筑方案设计

作　者：
陈安驰
表现方法：
会议笔 + 马克
表现图幅：
A1
用　纸：
普通绘图纸
用　时：
6 小时
图纸尺寸：
594mm×841mm
方案点评：
整张图色彩黑白灰对比强烈，是一幅比较抢眼的快题，色彩搭配出彩，配景表达较好。建筑透视图是整张图最显眼的部分，图中的亮色使建筑极其醒目，建筑的透视表达具有冲击性，体块尺度感适中，立面设计中手法丰富但不凌乱，在材质、比例和元素的处理上都比较出色。平面功能合理，并较好地呼应了基地中的斜线，但黑房间是其美中不足之处。总平面图的构图关系较好，主、次入口位置得当，与校园其他建筑有机呼应。

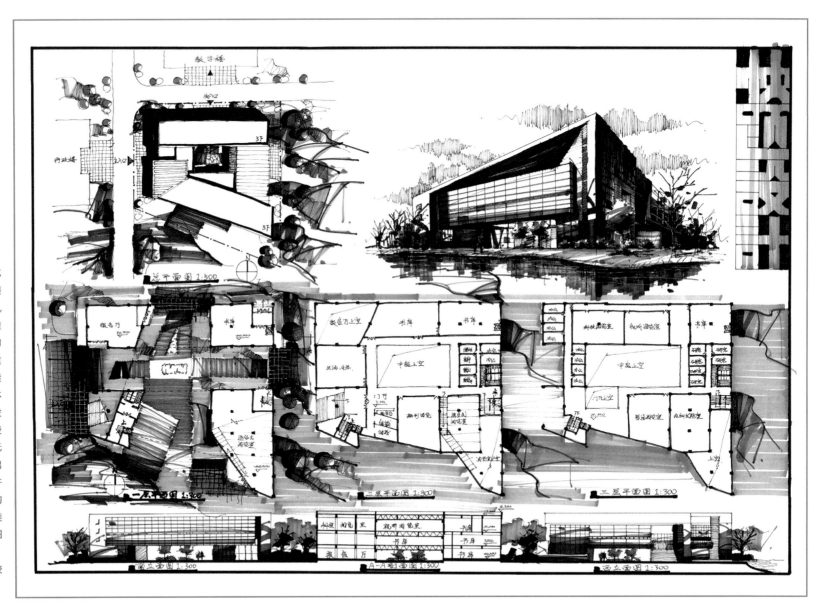

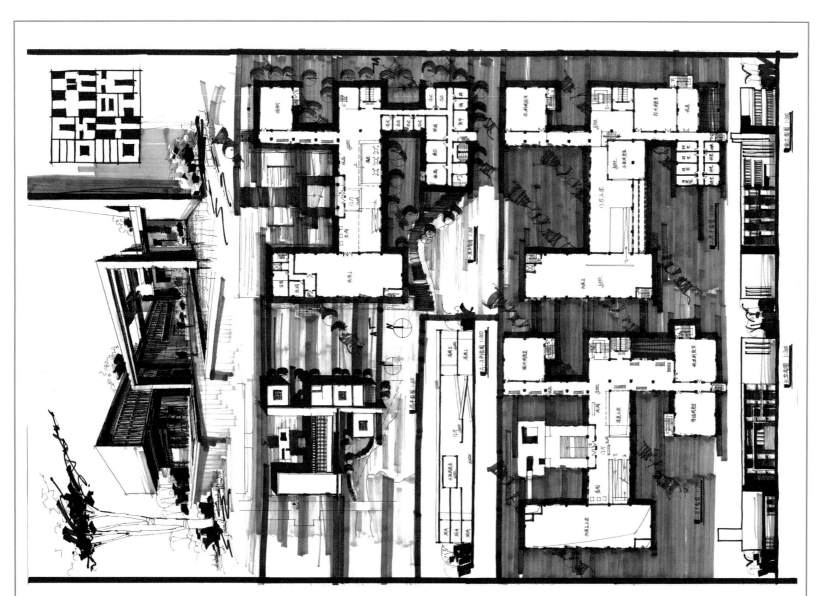

快题类型:

**图书馆建筑方案
设计**

作　者:

刘琳曼

表现方法:

会议笔＋马克

表现图幅:

A1

用　纸:

普通绘图纸

用　时:

6 小时

图纸尺寸:

594mm×841mm

方案点评:

图面冷暖搭配较出
色,黑白灰对比使得
整张图看上去比较
舒服;排版和图名的
表达方式都较有新
意。平面功能合理,
书库与阅览室的位
置以及交通流线处
理得当。一层平面的
表达比较出色,但
缺少主入口的标注;
造型上利用片墙作
为母题元素,统一又
丰富,但透视图图幅
偏小。

147

7.4.5　扬州个园北门广场与游客服务中心

1. 项目背景

个园，位于扬州城内东关街，清嘉庆年间盐商黄至筠所建。因园主爱竹，而竹叶形同"个"字，故称个园。个园园林面积1公顷余，园中春、夏、秋、冬四季假山各具特色，表达出"春山艳冶而如笑，夏山苍翠而如滴，秋山明净而如妆，冬山惨淡而如眠"的叠山意境。个园意趣独到，结构严整，是扬州园林的代表和中国园林的珍品，1988年被列为全国重点文物保护单位。2004年扬州市政府在原个园北面扩建了公园，其北门面向盐阜东路。本题目的设计内容即为该门门前广场与游客服务中心。

2. 设计内容

（1）游客服务中心

总建筑面积900m²，包括如下内容：

① 票务与导游服务（售票、业务接待、景区形象展示）：120m²。

② 旅游纪念品超市：150m²。

③ 信息咨询（含多媒体方式）、小件寄存：60m²。

④ 游客休息厅与卫生间：90m²。

⑤ 急救站：30m²。

⑥ 办公用房（主任室1间、财务室1间、综合办公室2间、会议室1间、总值班室兼作广播室和监控室1间、档案室1间、卫生间）：300m²。

⑦ 其余：150m²。

（2）门前广场

① 将门前广场进行整体景观设计，包括出入口、铺地、植栽、小品。

② 现有北门建筑保留，仍作为公园主入口。

③ 地形图中注明的树木必须予以保留。

④ 要求布置大型客车停车位不少于5个，小型汽车停车位不少于8个，自行车停车位不少于40个。

（3）场地与规划要点

① 总用地面积3758m²。

② 地面以上建筑退后用地红线北面不得小于8m，东、西两面不得小于3m。

③ 容积率不大于0.25。

④ 主体建筑高度不大于7m。平顶房屋建筑高度按室外地平至建筑女儿墙高度计算，坡顶房屋建筑高度按室外地平至建筑屋檐和屋脊的平均高度计算。

⑤ 车行入口在盐阜东路上，开口不得大于15m。

3. 设计要求

① 总图布置符合规划要求，建筑与广场共同构成的整体空间品质应与个园的历史和建筑价值相匹配。

② 建筑功能布置合理，流线清晰，与场地周围建筑保持良好的关系。

③ 保留树木应被结合进建筑的形体与空间关系中。

④ 停车场设计符合任务书与规范的要求。

⑤ 图面整洁、美观，富有建筑感。

4. 图纸要求

① 场地整体平面图（按照提供的地形图范围，场地内建筑画屋顶平面），比例1：400，要求标注主入口定位与开口尺寸、建筑外包尺寸、建筑间距尺寸、停车位与行车通道尺寸以及广场设计标高。

② 建筑各层平面图：1：100，要求标注轴线与外包两道尺寸。

③ 建筑立面图2个（至少1个画出现有北门建筑），1：100。

④ 建筑剖面图2个：1：100，要求标注出各层标高与总建筑高度。

⑤ 不少于1幅透视图，图中要求画出个园北门入口。

5. 附：停车场设计技术规范

（1）大型客车停车位尺寸

垂直通道方向停车：13.0m×3.5m，平行通道方向停车：16.0m×3.5m。

（2）小型汽车停车位尺寸

垂直通道方向停车：6.0m×2.8m，平行通道方向停车：7.0m×2.8m。

（3）大型客车通道尺寸

垂直式停车：13.0m，平行式停车：4.5m。

（4）小型汽车通道尺寸

垂直式停车：6.0m，平行式停车：4.0m。

（5）自行车停放

单排停放时长 2.0m，双排停放时长 3.2m，自行车间距 0.7m。

（6）汽车最小转弯半径（行车通道内半径）

大型客车：10.5m，小型汽车：6.0m。

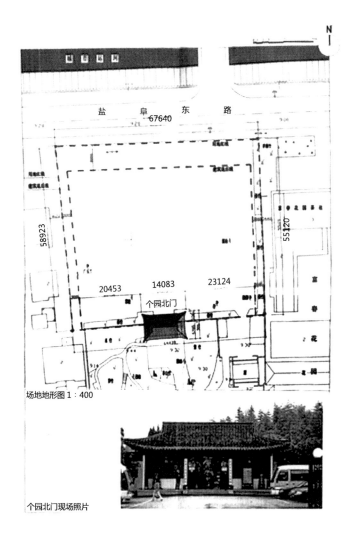

场地地形图 1：400

个园北门现场照片

快题类型:
个园入口空间设计

作　者:
李晓东
表现方法:
钢笔＋马克
表现图幅:
A1
用　纸:
普通绘图纸
用　时:
6 小时
图纸尺寸:
594mm×841mm
方案点评:
总平面流线布置清晰完整,平面功能分区合理简洁,透视准确细致,文化特色明显,是一份较好的试卷。注意应标出个园入口以及其与本设计的关系,外门应向疏散方向开启。

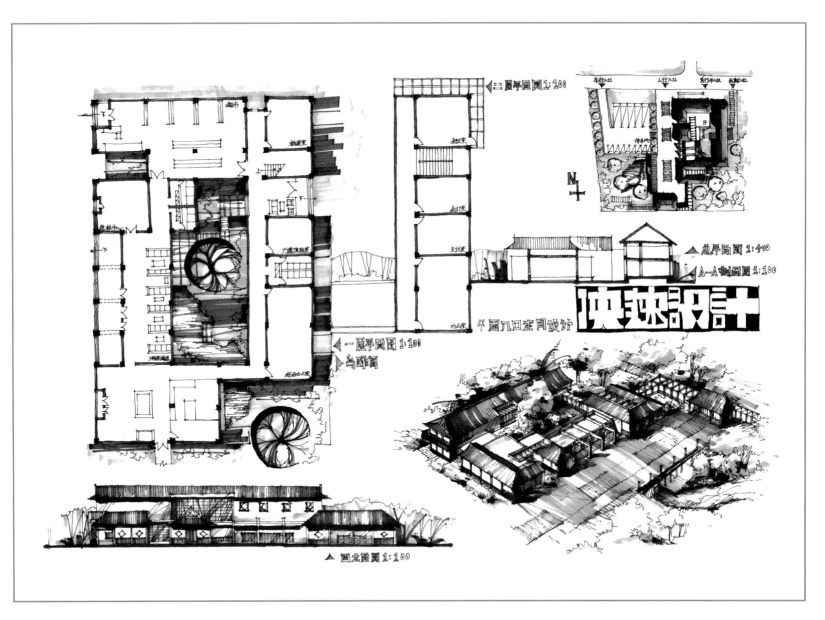

快题类型：

扬州个园北门广场与游客服务中心设计

作　者：

董洁

表现方法：

会议笔 + 马克

表现图幅：

A1

用　纸：

普通绘图纸

用　时：

6 小时

图纸尺寸：

594mm×841mm

方案点评：

方案的入口广场和个园北门以及建筑形成了有机的互动，是一个比较好的设计。个园北门和建筑入口通过游廊连接，形成较为新颖的缓冲空间；平面继承了个园园林的空间特点——哑巴院，形成了有江南特色的平面，平面功能分区合理，并利用水面增加了建筑的景观面。总平面中利用坡屋顶与个园的形式相呼应；建筑造型中坡屋顶的应用也增加了方案的江南特色，但立面开窗较为粗糙，应再进一步设计。图面中剖面表达过于简单，缺少标高和房间名称。

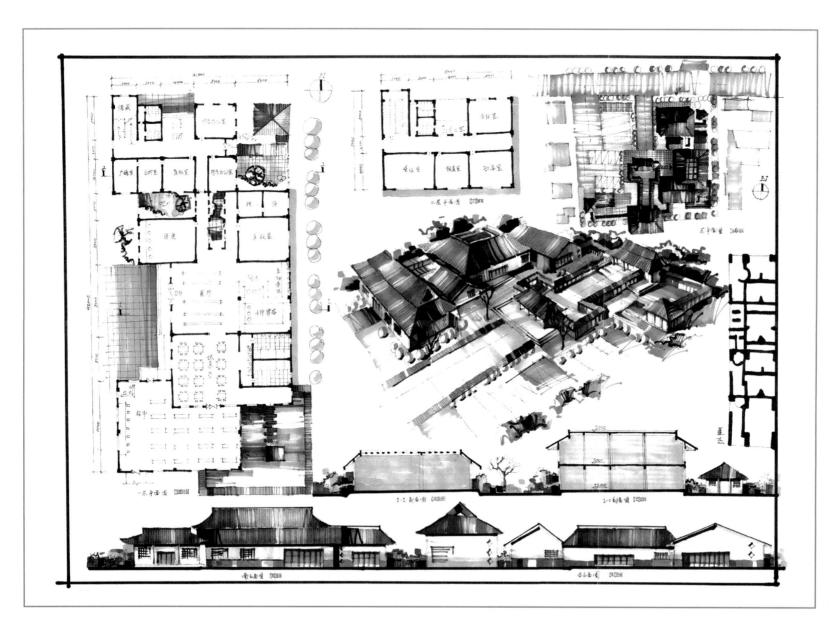

7.4.6　童寯纪念馆设计

为纪念我国著名建筑理论家、建筑教育家童寯先生一生对建筑界、建筑教育界的特殊贡献，拟在南京市某纪念园地建造童寯纪念馆一座。基地较为开阔自然，其建筑规模为 1500m²。

1. 设计内容

① 展厅：800m²（可分若干间）。

② 研究室：4×20m²。

③ 贵宾接待室：30m²。

④ 办公室：3×20m²。

⑤ 库房：60m²。

⑥ 其他：470m²（包括门厅、值班室、小卖部、卫生间、交通面积等）。

2. 图纸要求

① 总平面图：1：500。

② 平面图：1：200。

③ 立面图（2个）：1：200。

④ 剖面图（1个）：1：200。

⑤ 透视图表现方法不拘。

3. 时间

6小时。

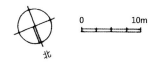

童寯纪念馆地形图

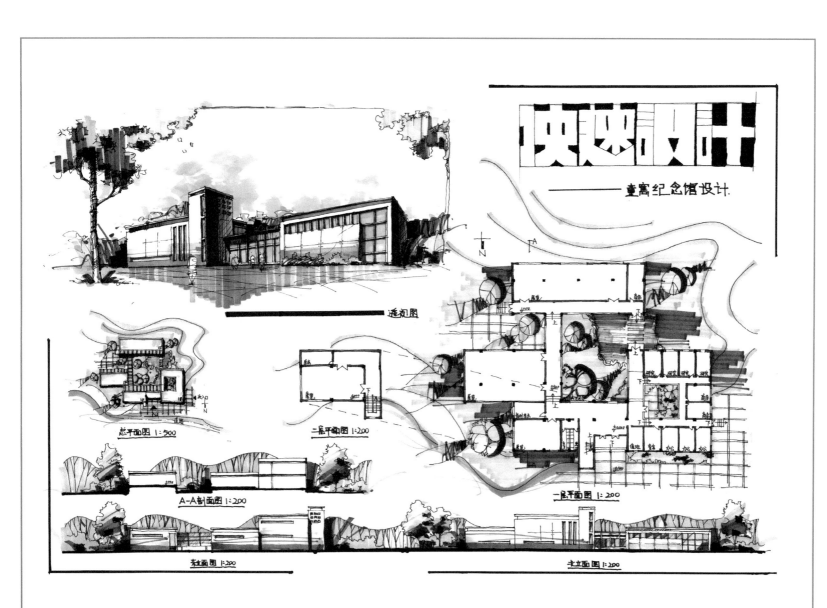

快题类型:

童寯纪念馆设计

作 者:

刘文

表现方法:

会议笔 + 马克

表现图幅:

A1

用 纸:

普通绘图纸

用 时:

6 小时

图纸尺寸:

594mm×841mm

方案点评:

功能分区合理,流线清晰,透视图表达准确。注意展览流线不完整,与内部办公流线有交叉,办公区内设商店不太合理。

153

快题类型:
童寯纪念馆设计

作　者:
刘晔
表现方法:
会议笔＋马克
表现图幅:
A1
用　纸:
普通绘图纸
用　时:
6 小时
图纸尺寸:
594mm×841mm
方案点评:
方案中对场地的高
差处理较为简单,
功能分区基本合理,
但平面呆板,没有
考虑次入口的位置。
建筑造型中主入口
与旁边的体块关系
较差,立面关系也需
要再加考虑。

154

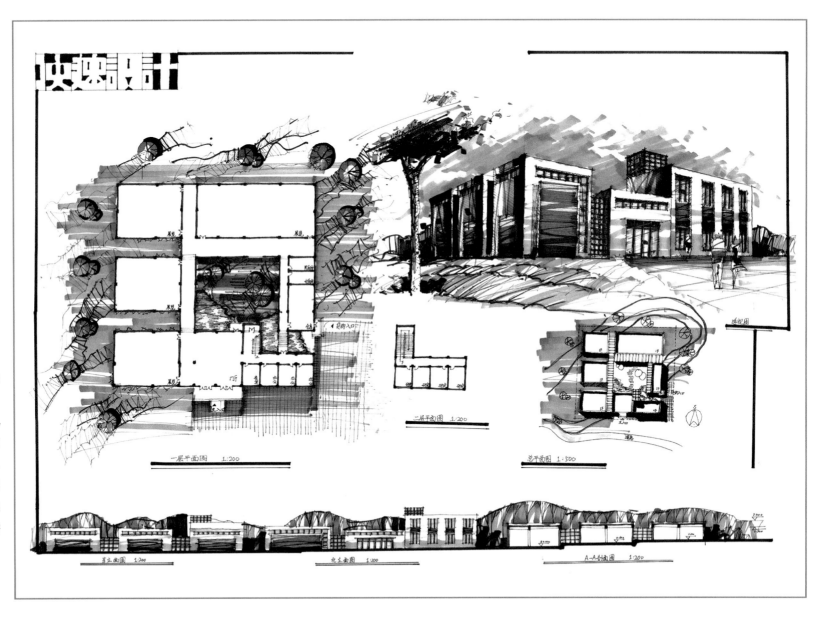

7.4.7　陈从周纪念馆建筑方案设计

1. 项目简介

陈从周先生是我国建筑界老一辈的著名学者及教育家，一生著书立说不计其数，学生也是遍布全世界，其思想与理论在国内外影响甚大，尤其在中国古典园林方面，更是有很高的造诣，其观点与言论自成一派，对同济大学的声名远播也是作出了不可磨灭的贡献。为了纪念陈从周先生的业绩并教育后人，拟在其曾经生活过的同济新村修建一处陈从周纪念馆。

2. 基地概况

陈从周纪念馆选址在同济新村工会俱乐部西侧，基地东西长约 40m，南北长约 38m，基地面积约 1300m²。基地西侧为小区主干道，宽 6m，南侧为小区次干道，宽约 4.5m。在西侧小区主干道与基地之间需保留现有的儿童活动场地；在基地的中央有一颗大雪松也需保留。在基地的东侧与工会俱乐部交界处现有一池水景，设计者可根据需要自行进行取舍。建筑限高 10m。

3. 设计内容

陈从周纪念馆（建筑面积 500m²），其中，

① 展览馆：200m²。

② 纪念品、书店：60m²。

③ 办公室：20m²。

④ 会议室及接待室：20m²。

⑤ 储藏室：60m²。

⑥ 厕所（男、女）：20m²。

⑦ 门厅及交通部分：100m²。

4. 时间

6 小时。

5. 图纸要求

594 mm×841 mm，绘图纸，徒手或尺规表达。

① 总平面图：1∶200。

② 平面图：1∶100。

③ 立面图：1∶100（2 个主要立面）。

④ 剖面图：1∶100（1 个）。

⑤ 纪念馆表现图：表现方式不限。

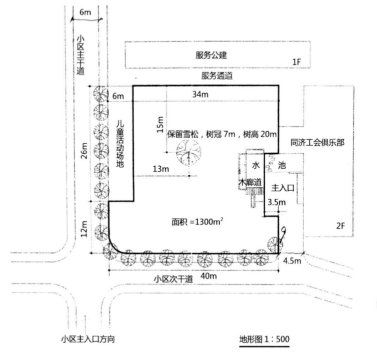

快题类型:

陈从周纪念馆

设计

作　者:

陈亚楠

表现方法:

会议笔 + 马克

表现图幅:

A1

用　纸:

普通绘图纸

用　时:

6 小时

图纸尺寸:

594mm×841mm

方案点评:

功能分区明确,流
线合理,空间变化
丰富,图面表达清
晰。注意立面开窗
要准确,办公室未
开窗。

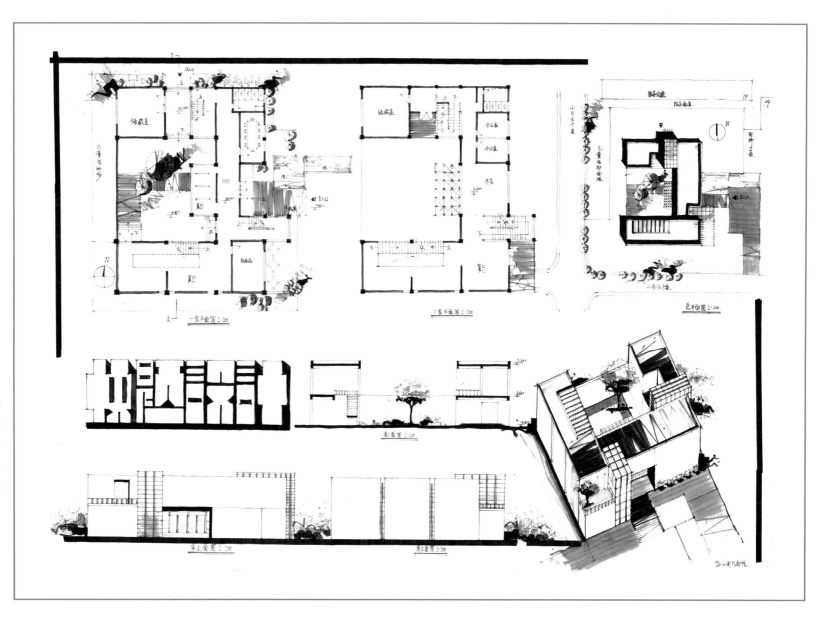

7.4.8　社区图书馆建筑设计

1. 项目背景

　　青岛市浮山后居住区拟建一中型社区图书馆，主要服务于其北侧的大型居住社区，用地及环境见附图。总建筑面积 2500m² 左右，采用开架阅览管理方式。

2. 设计内容

　　① 大厅（置出纳台及电脑检索设备）：面积按需要自定。

　　② 展览室：80 ~ 100m²。

　　③ 成人阅览室：400m²。

　　④ 儿童阅览室：100m²。

　　⑤ 期刊阅览室：200m²。

　　⑥ 网络阅览室：100m²。

　　⑦ 学术报告厅：240m²，其中包括：贵宾休息室 20m²、设备间 20m²、储藏室 20m²。

　　⑧ 复印室：10m²。

　　⑨ 缩目、分类：30m²。

　　⑩ 装订室：50m²。

　　⑪ 馆长室、办公室：60m²。

　　⑫ 厕所、走廊、楼梯：按需要设定。

3. 图纸内容要求

　　总平面图：1∶500；平面图：1∶200；立面图（2个）：1∶200；剖面图：1∶200；分析图。

　　表现图，表达方式不限。A1 图幅。

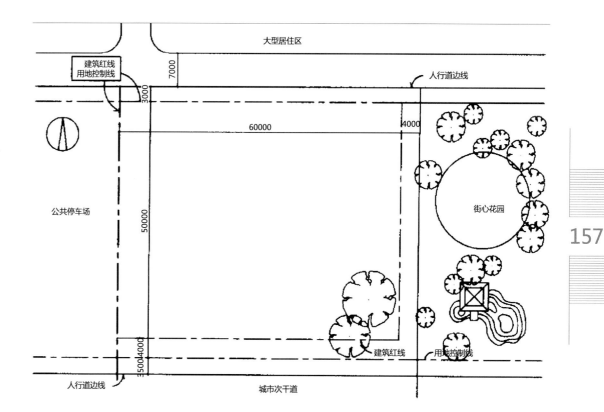

快题类型:

社区图书馆建筑设计

作　者:

牟科桥

表现方法:

会议笔 + 马克

表现图幅:

A1

用　纸:

普通绘图纸

用　时:

6 小时

图纸尺寸:

594mm×841mm

方案点评:

本方案功能分区明确，流线清晰有序，图面表达完整简洁。方案主入口设计欠考虑，展厅设置拮据，贵宾休息室与设备间位置欠妥。东立面韵律感稍缺，应尝试改进。

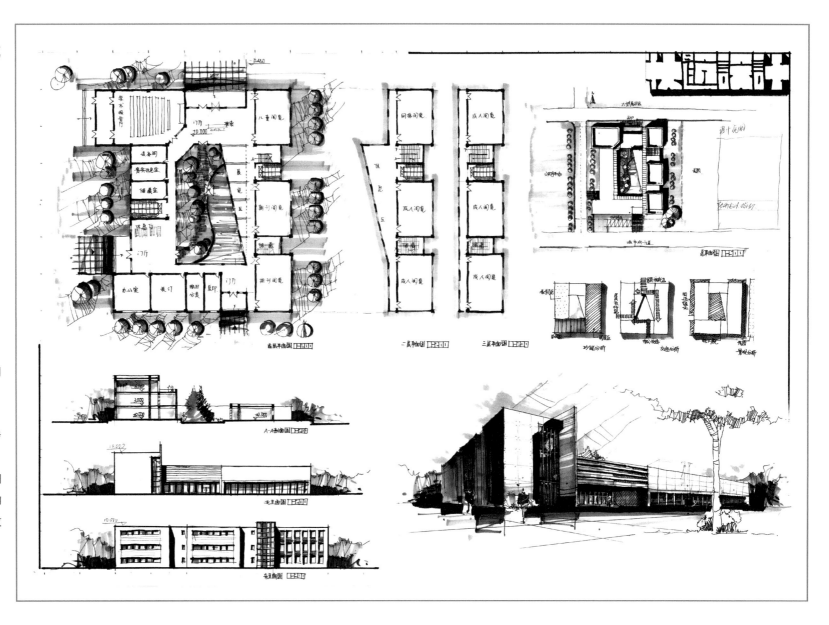

7.4.9　展览馆设计

设计一座 2 层楼的展览馆。宽边方向朝正南北。

展览馆的平面尺寸和结构系统都已确定（见图，屋顶结构系统和 2 层楼板结构系统相同）。

1. 设计限制

所有梁、柱不得进行任何变动。楼板应根据具体设计进行设置。梁、柱体系以外允许出挑 1m。

考生可按具体设计对建筑檐口形式进行调整，但建筑高度不得超过 10.2m 标高。

只设一个入口，必须放置在南面。

建筑内必须放置两件异形的高展品。展品外围长 x 宽 x 高尺寸分别为 2400mm×2400mmX4800mm 和 5600mmX1800mmX6000mm。

2. 细节尺寸

柱子截面尺寸分 400mmX400mm 和 400mmX1200mm 两种；梁截面尺寸均为高 600mm、宽 250mm。

3. 功能要求

① 展览面积 600m² 以上。

② 咖啡馆约 120m²。

③ 管理用房约 90m²。

④ 储藏约 90m²。

⑤ 其他相应部分：卫生间、楼梯、门厅等公共部分不定具体面积。

4. 图纸要求

① 1 层、2 层及屋顶平面图，比例 1：150。

② 2 个立面图，比例 1：150。

③ 剖面图 1～2 个（必须有 1 个纵剖面），比例 1：150。

④ 轴测图或透视表现图。

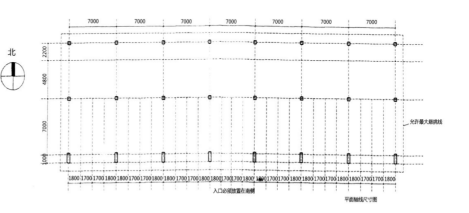

平面轴线尺寸图

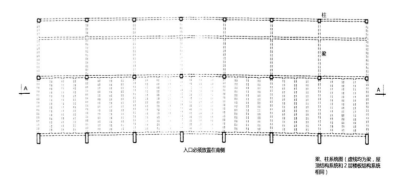

梁、柱系统图（虚线均为梁，屋顶结构系统和 2 层楼板结构系统相同）

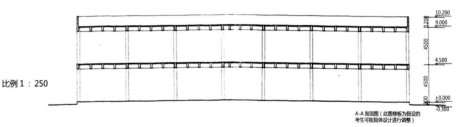

比例 1：250

A-A 剖面图（此图楼板为假设的考生可按具体设计进行调整）

159

快题类型:

展览馆设计

作　者:

陈亚楠

表现方法:

会议笔 + 马克

表现图幅:

A1

用　纸:

普通绘图纸

用　时:

6 小时

图纸尺寸:

594mm×841mm

方案点评:

功能分区合理, 流线清晰, 空间有一定的变化, 透视图表达基本准确, 满足任务书要求。但造型缺少特色。

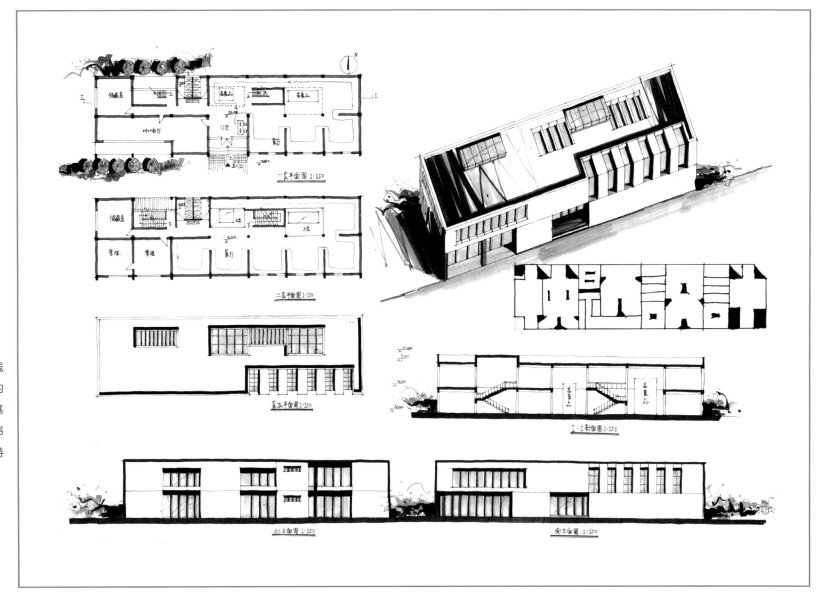

7.4.10　林间雅集（独立住宅规划及单体设计）

1. 提要：

南方某城市市郊有一块林地，业主拟拆除现有建筑，重建独立住宅若干以便闲暇度假之用。其中自用一栋面积约900m²，拟建于路南谷地，其余用地拟建独立住宅4～5栋，每栋面积约400～500m²。

根据基地条件进行总体布局并设计自用之宅，注重建筑与地形、环境的关系。合理组织人流，避免流线与视线的干扰，注重私密性。

总建筑面积900m²±10%，地面以上建筑层面不超过3层。

2. 内容

主要使用分区与面积分配：

（1）娱乐活动区

① 家庭娱乐室：15～20m²。

② 家庭影院：25～30m²。

③ 健身区（器械、乒乓球、台球、休息等）：60～80m²。

④ 棋牌室：15～20m²。

⑤ 小型游泳池

（2）交往会客区

① 门厅：20～30m²。

② 起居室：60～70m²。

③ 中、西餐房（中式厨房封闭，西式厨房开敞并与早餐厅相连）：25～30m²。

④ 早餐厅：10～15m²。

⑤ 正餐：20～25m²。

⑥ 会客厅：20～30m²。

⑦ 图书室（带要客会客）：15～20m²。

⑧ 茶艺室：15～20m²。

⑨ 卫生间（带化妆室）：8～10m²。

⑩ 展廊。

（3）私密生活区

① 老人套房或客人套房2间（含卫生间）：（25～30m²）x2。

② 主人套房1间（外设露台）：75～80m²，其中：

卧室：30～40m²；

衣帽间：15～20m²；

卫生间（带化妆区）：15～20m²；

书房：15～20m²。

③ 次主套房1间：55～60m²，其中：

卧式：20～30m²；

衣帽间：10～15m²；

卫生间：10～15m²；

书房：15～20m²。

④ 次卧套房1～2间：30～45m²，其中：

卧室：20～30m²；

衣帽间：10～15m²。

⑤ 家庭起居空间：20～30m²。

⑥ 阳光房：15～20m²。

⑦ 卫生间：10～15m²。

（4）辅助服务区

① 酒窖及吧台。

② 储藏间：25～30m²。

③ 桑拿房、SPA、卫生间：60～80m²。

④ 设备用房：30m²。

⑤ 工人房及工人卫生间：12～15m²。

⑥ 洗衣房：15～20m²。

⑦ 双车位车库，室外临时停车位若干。

3. 要求

① 总平面图：1：1000。

② 平面图（各层）：1：200。

③ 立面图（不少于2个）：1：200。

④ 剖面图（不少于2个）：1：200。

⑤ 分析图。

⑥ 透视图或空间轴测图（1个），表现内容及形式自定。

⑦ 简要设计说明。

4. 时间

9：00～15：00。

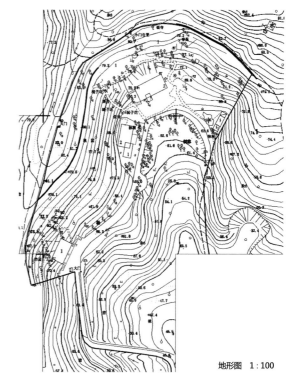

地形图　1：100

161

快题类型:

独立住宅规划设计

作　者:

刘哲

表现方法:

会议笔 + 马克

表现图幅:

A1

用　纸:

普通绘图纸

用　时:

6 小时

图纸尺寸:

594mm×841mm

方案点评:

平面功能分区合理,图面表达清晰,立面造型新颖美观,尺度准确,是一份较好的考卷。注意总平面要标清楚各出入口位置;二层平面图的庭院位置要标出漏空符号。

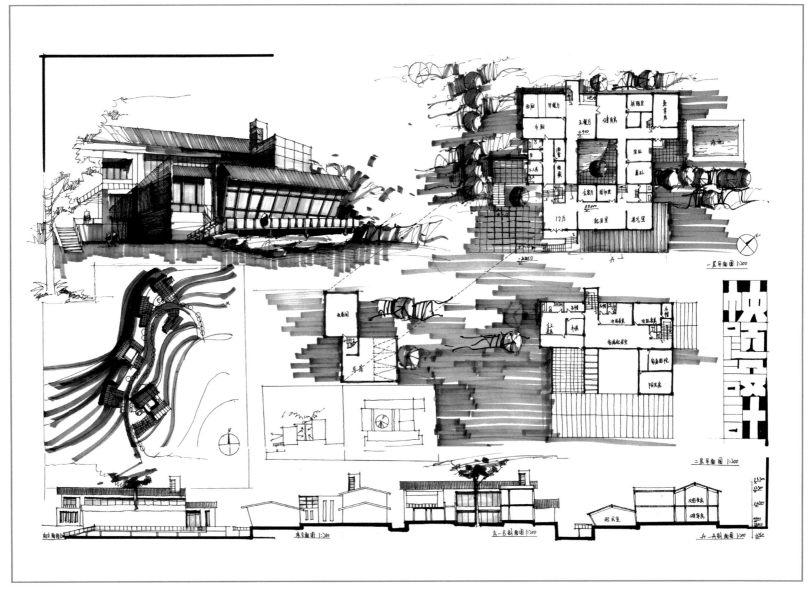

7.4.11　森林博物馆

1. 提要

某景区管委会为展示其丰富的景观树种资源，预定在给定的地块内兴建一座 1 ~ 2 层高的森林博物馆。

2. 场地

地处林木资源丰富的景区内，基地东侧为覆盖绿化的山体，南、北、西侧为保留的部分建筑，均为 2 层。

3. 要求

处理与周围景观、地形高差、保留建筑体量之间的关系，并注意处理建筑自身的交通组织、体量与院落的关系，营造多层次的院落及景观空间。

4. 内容

（1）公共部分

① 临时展厅：1×200m²。

② 永久展厅：3×150m²。

③ 小型报告厅：1×150m²。

（2）研究及办公部分

① 研究室：10×30m²。

② 馆长室：3×30m²。

③ 馆员办公室：4×30m²。

（3）服务部分

① 门厅：自定。

② 小卖部：60m²。

③ 咖啡座：60m²。

④ 储藏室：1×200m²（与展厅联系方便）。

其他主、次入口的设置，交通，楼梯，卫生间可根据情况自定。

总面积：2200m²，允许上下浮动 10%。

5. 时间

6 小时。

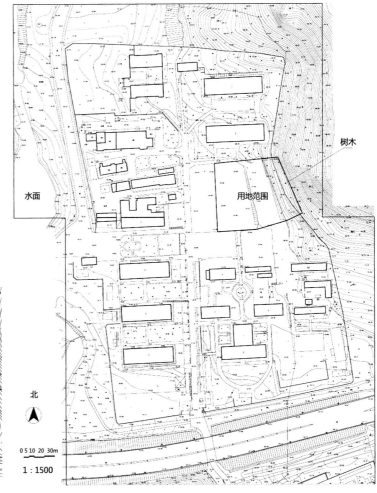

快题类型：
森林博物馆设计

作　者：

刘哲

表现方法：

会议笔＋马克

表现图幅：

A1

用　纸：

普通绘图纸

用　时：

6小时

图纸尺寸：

594mm×841mm

方案点评：

平面功能分区合理，
流线清晰，透视图空
间层次较好，满足任
务书中关于院落层
次、景观层次的要求。
但平面与透视略有
不符，主入口位置不
明确。

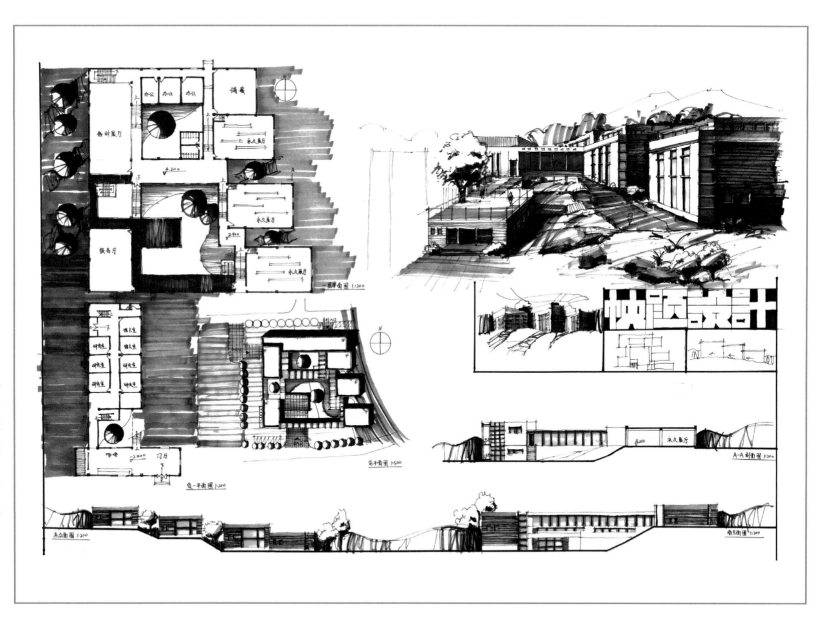

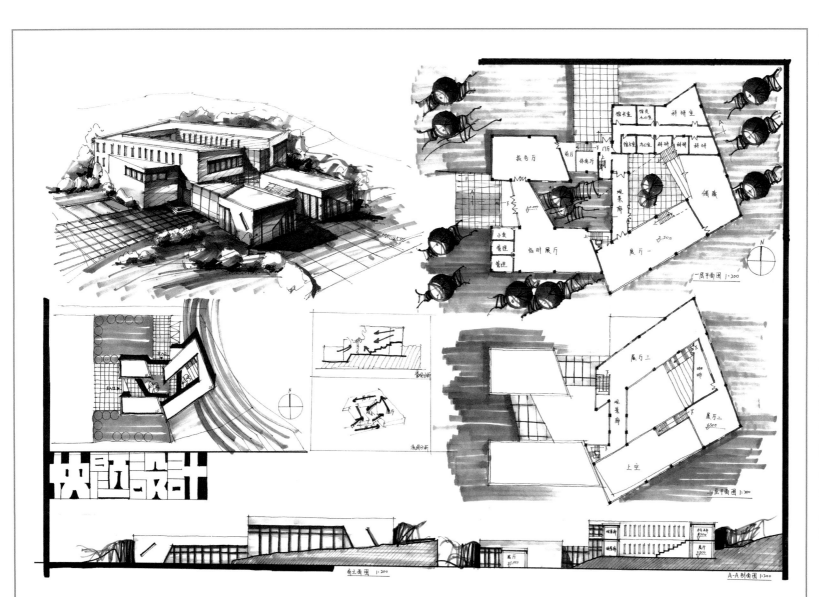

快题类型：

森林博物馆设计

作　者：

艾尚宏

表现方法：

会议笔＋马克

表现图幅：

A1

用　纸：

普通绘图纸

用　时：

6 小时

图纸尺寸：

594mm×841mm

方案点评：

平面功能分区合理，流线清晰，中间庭院根据地形做了较好处理，但临时展厅与展厅之间的交通略显局促，进出人流在此有交叉，不太合理。

7.4.12 镇政府规划与建筑设计

江苏某镇为拉动新区经济发展，决定将镇政府迁建至新区。其用地为 1.8hm²。基地东西宽 135m，南北长 134m。东临规划干道，南为工商所用地，北为派出所用地，西为居住区。基地距东面道路红线 25m，其间为城市绿化带。基地地势平坦。（注：基地出入口穿越绿化带与规划干道的连接位置与宽度自定）

1. 规划内容

① 镇政府办公楼 1 幢，建筑面积 4000m²，层数在 4 层以内。主要为镇政府机关办公。

② 镇财政所和土地管理所各建 1 幢办公楼，建筑面积各为 800m²，以两层为主。主要对外办公。

③ 辅助楼 1 幢，建筑面积 960m²。

④ 车库（10 个车位）。

⑤ 入口大门、门卫室。

总建筑面积：6900m²。

2. 建筑设计内容

对上述规划内容的辅助楼进行建筑方案设计，其各房间内容与面积如下：

（1）餐厅 228m²，不对外服务，其中：

①大餐厅（10 桌）：120m²。

② 包间：单桌间 2 间，18m²/间；双桌间 2 间，36m²/间。

（2）厨房 132m²，其中：

① 副食制作间：32m²。

② 主食蒸煮间：16m²。

③ 备餐间：16m²。

④ 熟食间：16m²。

⑤ 主副食库：16m²。

⑥ 办公：16m²。

⑦ 男女厕浴：各 10m²。

⑧ 男女更衣：各 10m²。

（3）招待所 200m²，其中：

① 客房 6 个标准间，28m²/间，计 168m²。

② 服务间：16m²。

③ 储藏室：16m²。

（4）活动室：140m²，其中：

① 大活动室：100m²。

② 小活动室：40m²。

（5）公共卫生间：面积自定。

3. 设计要求

① 合理进行用地规划，各建筑形成有机整体。

② 对辅助楼进行单体建筑设计。要求功能分区合理，造型新颖。

4. 图纸要求

① 总平面图：1：1000，需进行环境布置，注明建筑层数。

② 辅助楼各层平面图：1：200。

立面图（2 个）：1：200。

剖面图（2 个）：1：200。

③ 透视表现方法不拘。

5. 时间

6 小时。

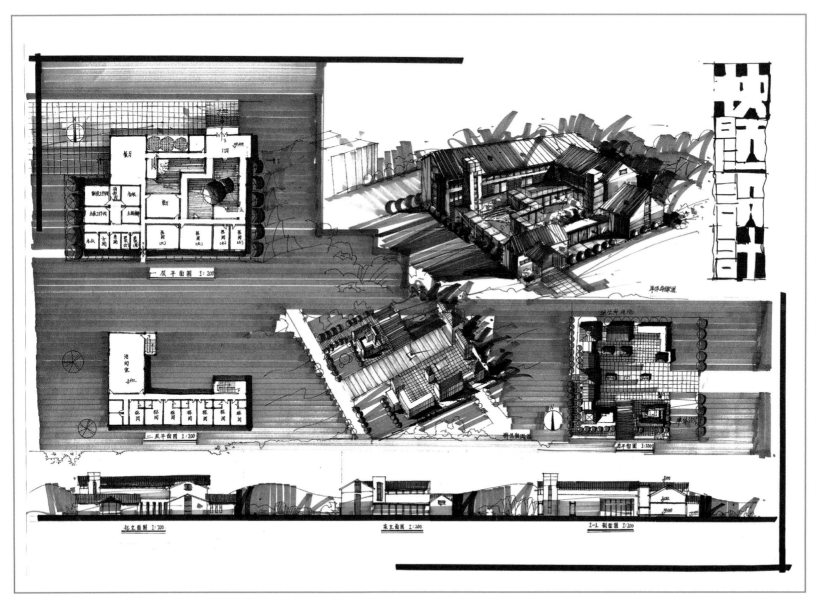

快题类型:

镇政府规划与建筑设计

作　者:

刘哲

表现方法:

会议笔 + 马克

表现图幅:

A1

用　　纸:

普通绘图纸

用　　时:

6 小时

图纸尺寸:

594mm×841mm

方案点评:

方案的平面功能分区合理，但尽量要避免黑房间的出现；利用中庭丰富建筑空间，并且对中庭进行了一定的设计；门厅与楼梯的位置偏远，交通流线偏长；厨房部分应用门与餐厅部分分开；二层走道应能双向疏散。总平面的规划设计中建筑与总体关系较好。建筑体量稍显笨重，体块关系应加调整。

167

7.4.13　学生生活区规划与单体建筑设计

为了大力发展我国的职业教育，更好地多层次培养人才，某市教育部门决定为该市职业教育中心新征地100亩，其建设方针是总体规划一次性完成，各项目工程分期实施，第一期先实施教学楼和学生生活区。现要求对学生生活区进行规划与建筑设计。

该职业教育中心地处市郊城市干道东侧，与城市干道连接的校内道路将校区分为北面教学区和南面学生生活区。学生生活区占地约 0.8hm²。

1. 对学生生活区进行规划设计

（1）项目内容

① 宿舍：男生宿舍 3200m²，女生宿舍 1600m²。

② 学生食堂及活动中心：2400m²。

③ 浴室：560m²。

④ 锅炉房：100m²。

⑤ 水泵房：50m²。

⑥ 室外环境规划，包括道路、场地、生活区门卫、自行车存放、后勤堆场等。

（2）规划要求

① 建筑退让北面边界 10m。

② 除学生食堂及活动中心外，其余项目可不做单体设计，但须在总平面图上表示其布局（平面形状与层数）。

③ 学生食堂及活动中心须做单体设计，其设计内容详见下文。

④ 从学生宿舍到食堂应有遮雨雪设施，可不计入面积。

2. 对学生食堂及活动中心进行单体设计（总建筑面积 2400m²）

设计内容：

① 餐厅：2×400m²（含售饭窗口）。

② 厨房：400m²（包括烹调、主食加工、熟食、洗碗、主食库、副食库、冷藏、办公、男女更衣休息、男女厕浴）。

③ 舞厅：200m²。

④ KTV：50m²（若干间）。

⑤ 健身房：50m²。

⑥ 小组活动室：8×24m²。

⑦ 管理室：2×15m²。

⑧ 其他：678m²（包括门厅、卫生间、交通面积）。

3. 图纸要求

① 总平面图：1：500。

② 平面图：1：200。

③ 立面图（2个）：1：200。

④ 剖面图：1：200。

⑤ 透视图表现方法不拘。

4. 时间

6 小时。

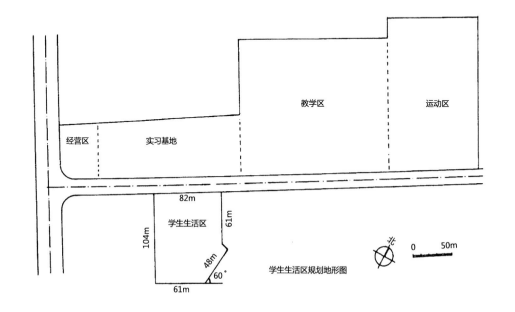

学生生活区规划地形图

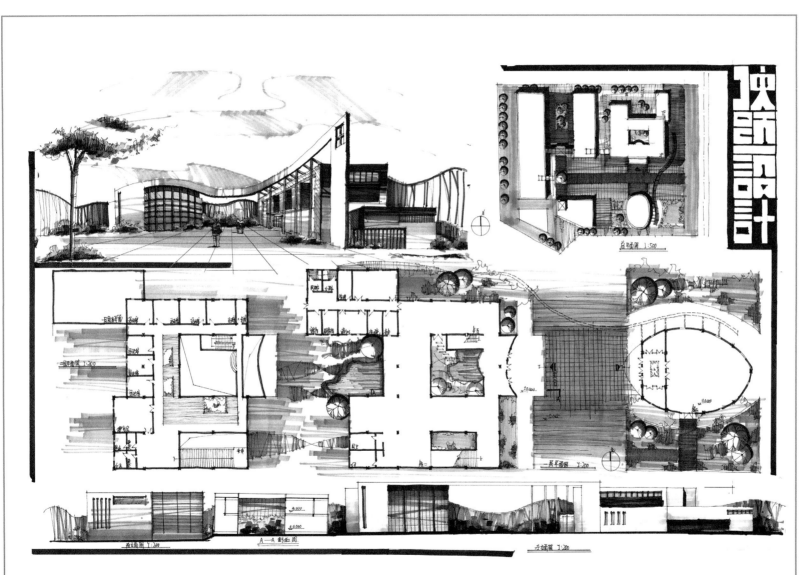

快题类型:

**学生生活区规划
与单体建筑设计**

作　者:

刘文

表现方法:

钢笔 + 马克

表现图幅:

A1

用　纸:

普通绘图纸

用　时:

6 小时

图纸尺寸:

594mm×841mm

方案点评:

功能分区合理,总平
面图表达清晰,建筑
造型美观。总平面图
中宿舍朝向错误;学
生餐厅缺少售饭处;
这是一份看似不错
却犯有致命错误的
试卷。

7.4.14　城市文化娱乐中心设计

　　某市为提高市民文化素质，丰富城市生活，拟在市区某繁华地段兴建城市文化娱乐中心一座。该基地位于某十字道路交叉口之东南地块，占地约 0.56hm²。交通广场中心有一纪念性雕塑。用地东侧为商厦，南侧为中学校，隔城市干道北侧、西侧均为大型公共建筑。

1. 设计内容

　　① 多功能厅：200m²。

　　② 展览厅：4×150m²。

　　③ 阅览室：2×100m²。

　　④ 书库：50m²。

　　⑤ 游艺室：100m²。

　　⑥ 录像室：60m²。

　　⑦ 老人活动室：4×60m²。

　　⑧ 少儿活动室：4×60m²。

　　⑨ 冷热饮：200m²。

　　⑩ 管理区：6×15m²。

　　⑪ 室外活动广场：1000m²。

　　⑫ 其他相应辅助面积自定。

　　总建筑面积为 3000m²。

2. 图纸要求

　　① 总平面图：1：1000。

　　② 平面图：1：400。

　　③ 立面图（2个）：1：400。

　　④ 剖面图：1：400。

　　⑤ 透视图表现方法不拘。

3. 时间

　　6 小时。

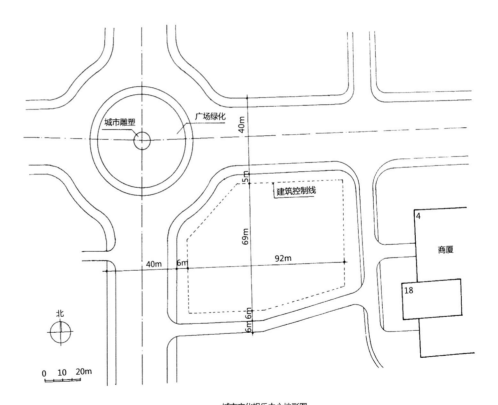

城市文化娱乐中心地形图

快题类型：

城市文化娱乐中心设计

作　者：

刘哲

表现方法：

会议笔 + 马克

表现图幅：

A1

用　纸：

普通绘图纸

用　时：

6 小时

图纸尺寸：

594mm×841mm

方案点评：

方案在总平形式上与基地关系较好，主、次入口位置合理，总平面构图关系较好，有韵律有主次；建筑功能分区合理，并灵活地运用内庭院来组织平面，建筑空间比较丰富，但内庭院的形状稍显呆板；流线合理，楼梯和卫生间位置恰当。建筑造型有一定的细节，并利用楼梯间形成建筑的制高点，打破了建筑的轮廓线，建筑比例较好，立面虚实效果较好。构图比较实用，但图面颜色比较单一。平面图内入口处和楼梯处应有标高。

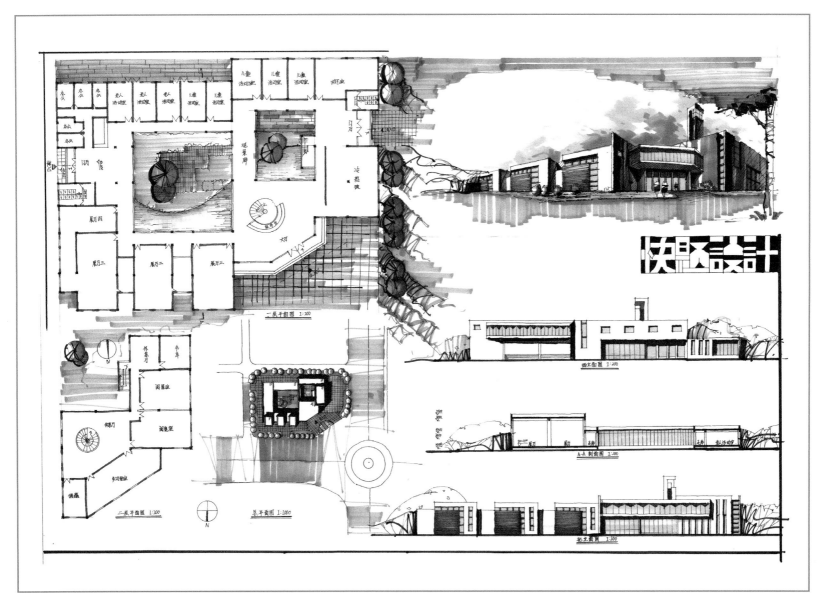

7.4.15　教工活动中心设计

我国北方地区某高校为满足教工多方面业余活动的需要，拟在教工居住区内建设一座教工活动中心。用地形状及范围见附图。用地西部为现有教工食堂，东部转角处为一新建的书报亭，用地中部有一条原有步行道，设计时宜保留或略加改动，以方便居住区与北部教学区的便捷交通联系。总建筑面积控制在 2000m² 左右（允许 ±10% 浮动），层数自定，室外要留出活动场地，并考虑自行车停放及较多的绿化面积。要注意建筑体形与周围环境的协调。

建筑组成及面积：

① 门厅（含值班、管理等）：面积自定。

② 展厅或展廊：100～150m²。

③ 报告厅（150 座左右，软椅，附有音响控制室）：面积自定。

④ 多功能厅（兼做舞厅、节日聚会场所等）：150～200m²。

⑤ 阅览室：60～80m²。

⑥ 音乐室：60～80m²。

⑦ 棋牌室：60～80m²。

⑧ 绘画室：60～80m²（分为两间，屋顶采光）。

⑨ 台球室：60～80m²。

⑩ 健身房：60～80m²（含更衣、淋浴）。

⑪ 茶座及小吃部：80～120m²。

⑫ 操作间：50～60m²。

⑬ 库房、管理、交通设施、卫生用房等面积自定。

172

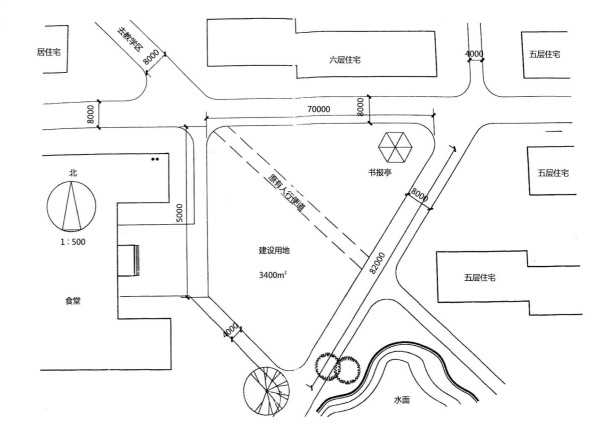

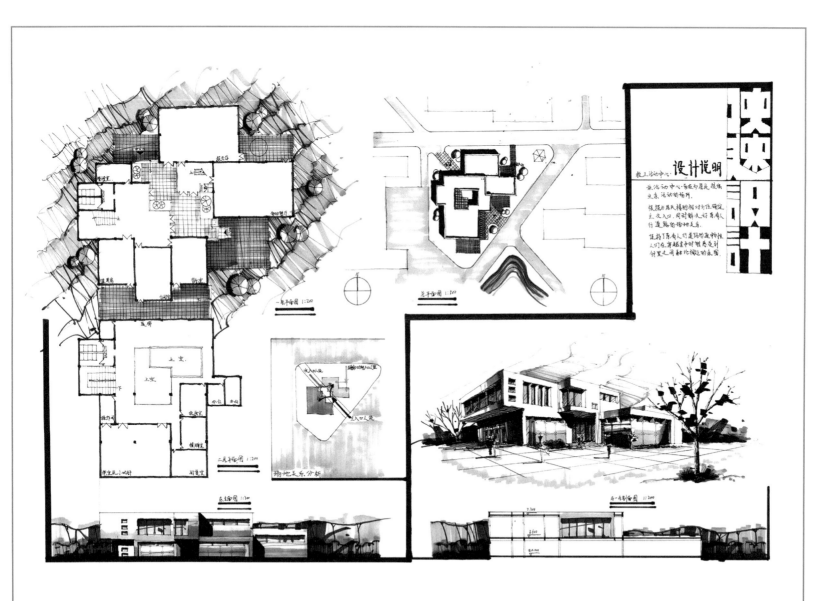

快题类型：

教工活动中心
设计

作　者：
李晓阳
表现方法：
钢笔 + 马克
表现图幅：
A1
用　纸：
普通绘图纸
用　时：
6 小时
图纸尺寸：
594mm×841mm
方案点评：

方案对基地进行了一定的呼应，包括原有的人行道路，但对报亭应再多考虑；建筑功能分区合理，图面表达清晰，主要功能区朝向、交通和位置恰当。建筑体量关系尚可，但立面处理稍显粗糙，应注意比例和细节。总平面构图关系一般，需要进一步思考设计；一层未标出剖切位置和标高；二层平面应有标高；构图较有新意，但透视图所占图幅偏小。

7.4.16 山区希望小学设计

1. 概况

某长江中下游偏僻山区，因区划调整，急需将现有的两所山村小学撤并到中心村新建一所希望小学，以适应群众的要求和教育发展的需要。学生来自周边 32 个自然村，学制 6 年，班数 6 班，学校可容纳学生人数约 250 名，其中约 100 名为住宿生。全校教职工人数约 9 名，在校住宿教师人数约 8 名。

学校占地面积约 4 亩，基地现为农田，较平整，现规划建设教学楼约 750m²，生活用房约 550m²，要求有道路、绿化、厕所、围墙、大门及学校必备的设施；预计总造价达 65 万余元。当地传统民居建筑材料多为砖石，亦盛产木竹。

2. 设计要求

新建校舍要保障教育教学健康有序地运转，同时使学校整体规划达到科学、规范、美观，为今后建成"学园、花园、乐园"式学校夯实基础。

结合当地气候条件，合理利用地形地貌，充分利用乡土材料和可再生能源（如太阳能、沼气、雨水收集等），应充分考虑造价因素。

3. 设计内容

校区规划和校舍建筑要整体考虑，校舍包括：教学楼、生活用房、公用厕所和操场等，总建筑面积 ≤ 1600m²，具体要求如下：

① 教学楼：建筑面积约 750m²，建筑层数 2 层，包括 6 间教室（每间 50m²），3 ~ 4 间办公室等，其中，每间教室可容纳学生 45 人。

② 生活用房：建筑面积约 550m²，建筑层数 1 ~ 2 层，包括厨房（80m²）、宿舍和盥洗室等，可容纳在校住宿学生约 100 人和住宿教师 8 人。

③ 公共厕所：蹲位数量 12 个，其中男生 4 个，女生 8 个。

④ 操场：不少于 600m² 集中运动场地，可兼做礼仪广场，设升旗台一座；保证最少一组 60m 直跑道（6 条）。

⑤ 门卫室、门厅、休息室、连廊等酌情设置。

4. 设计成果

① 设计说明（200 字左右）。

② 总平面图：1 : 500。

③ 各层平面图：1 : 200。

④ 立面图（不少于 2 个）：1 : 200。

⑤ 剖面图（不少于 2 个）：1 : 200。

⑥ 局部立面及该段墙身大样图：1 ：50（着重结构、材料和构造表达）。

⑦ 主要空间表达，透视图或轴测图，表现形式不限。

174

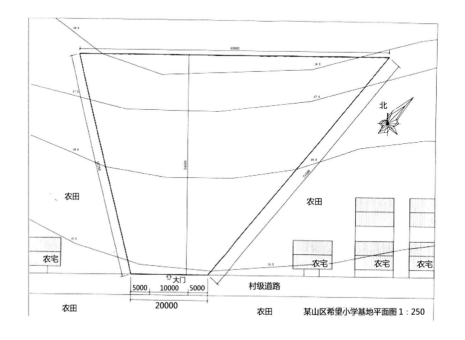

某山区希望小学基地平面图 1 : 250

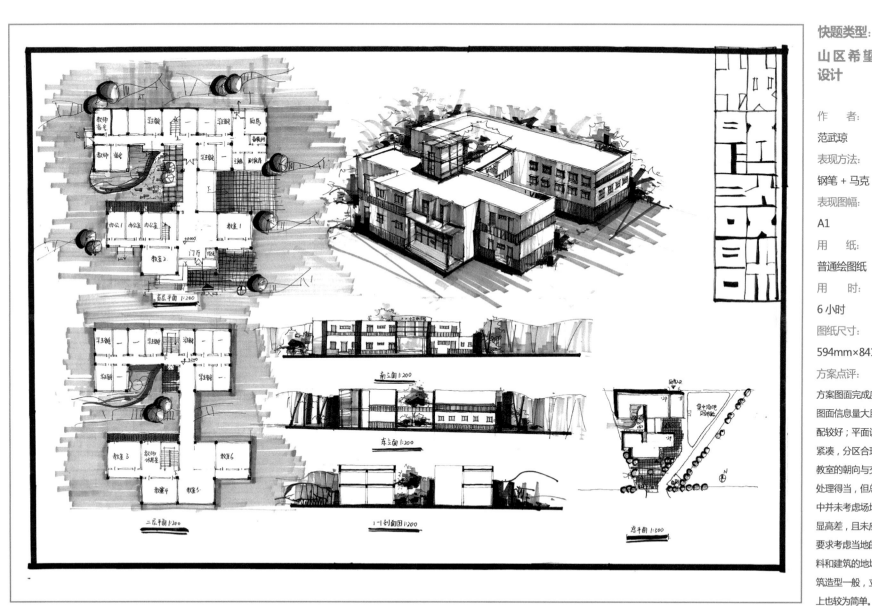

快题类型:

山区希望小学设计

作 者:

范武琼

表现方法:

钢笔 + 马克

表现图幅:

A1

用 纸:

普通绘图纸

用 时:

6 小时

图纸尺寸:

594mm×841mm

方案点评:

方案图面完成度较高,图面信息量大且色彩搭配较好;平面设计功能紧凑,分区合理,主体教室的朝向与交通流线处理得当,但总平设计中并未考虑场地内的明显高差,且未应任务书要求考虑当地的建筑材料和建筑的地域性。建筑造型一般,立面设计上也较为简单。

175

7.4.17 学术会展中心

1. 背景

为加强校内外学术交流、举办各种学术会议和展览，拟在某高等学校内建造一座学术会展中心。

2. 建设地点

建设地点位于某高校生物馆以北、拟建中的理学院以南、学生活动中心以西的西教学区内，详见地段图。总用地面积 5440m²，总建筑面积控制在 4500m²。

3. 设计内容

展厅：720m²（可分成几个展室）；

大会议厅：360m²（设固定座椅，有同声传译及放映间）；

中会议室：120m²（2个）；

小会议室：60 m²（4个）；

多功能厅：240m²；

会务中心：90m²；

咖啡厅：90m²；

快餐厅：120m²；

厨房：60m²；

库房、办公、门厅、厕所、后勤管理等用房面积，根据需要自定；

室外停车：10辆。

4. 设计要求

① 妥善解决会议和展览的功能要求，布局合理，交通顺畅。

② 与周围环境有机结合，造型美观有时代感。

5. 图纸要求

① 总平面图：1∶500（包括环境设计）。

② 各层平面图：1∶200。

③ 剖面图，1～2个：1∶200。

④ 立面图，2～3个：1∶200。

⑤ 透视图：表现方法不限，图幅不小于 600mm×300mm。

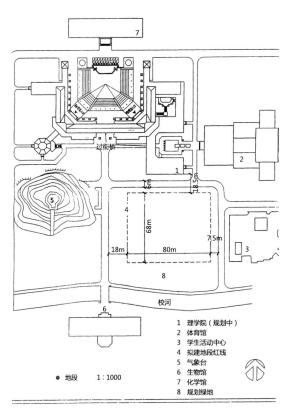

地段　1∶1000

1 理学院（规划中）
2 体育馆
3 学生活动中心
4 拟建地段红线
5 气象台
6 生物馆
7 化学馆
8 规划绿地

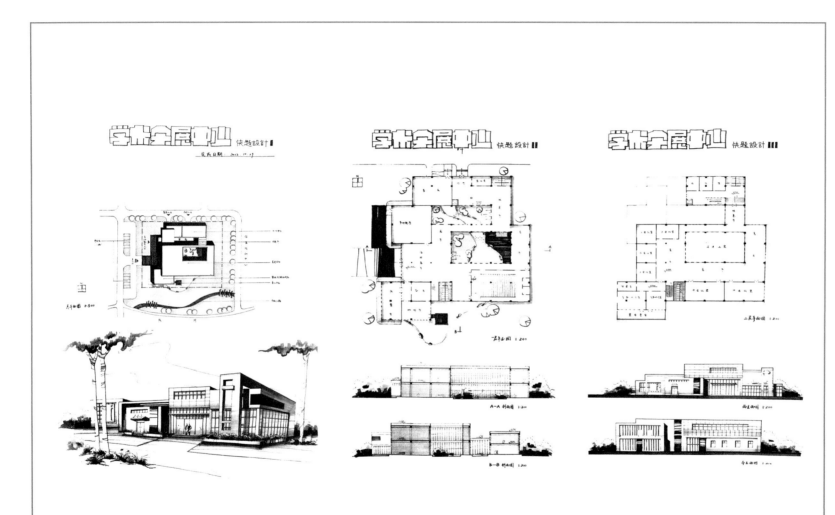

快题类型：

**学术会展中心
设计**

作　　者：

丁艺

表现方法：

会议笔＋马克

表现图幅：

A1

用　　纸：

普通绘图纸

用　　时：

6 小时

图纸尺寸：

594mm×841mm

方案点评：

方案图面效果尚佳，配色清新，图面信息量大，是一幅较好的快题；建筑造型优美，立面设计比例恰当，但缺少层次，稍显单调一些，可以在立面材质上丰富一下层次；平面表达清晰，功能、交通流线与疏散合理；中庭的设计有一定的新意，提升了建筑空间的品质。但透视图中建筑的透视关系有问题，需要多加练习。

177

7.5　应试参考

7.5.1　考前准备

　　由于我国面积较大地形复杂，南北方有比较大的差异，各个学校在地理研究上也是有区别的，落实到考研快题中就有明显的表现，北方建筑以灰色调为主，要以团组形式注重保暖的组织结构，南方湿热的气候决定建筑色调的艳丽，结构上要更注重通风。西南地区，如重庆等地，要注意联系当地山地的地形。

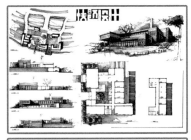

　　第一种风格　　东南大学、同济大学、清华大学、哈尔滨工业大学、浙江大学、南京大学等高校，画面主流用灰色调来表现，以线条为主、色彩为次，这种风格为当今的学院派所共识。

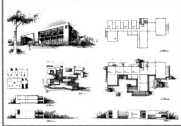

　　第二种风格　　以华南理工大学、重庆大学、西安建筑科技大学、厦门大学等为代表的院校以纯度较高的艳色来表现画面效果，强调色彩和材质在画面中的应用，常以木质和玻璃来表达丰富的材质关系，用橙色和深红色点缀画面。

　　第三种风格　　天津大学、天津城建大学、河北工业大学，这三所学校使用铅笔在拷贝纸上考快题，相对国内高校都比较特别，这种风格更注重线条和明暗关系的表现。

在考试前大家一定要形成适合自己的快题画法套路，因为考试的时候是没有时间考虑的，就是下意识地画，自己的画法包括图纸大小的选择、纸的选择、排版方式、工具的选择、画图的顺序、每个图的位置、线条的形式、表现形式等等，很多细节的东西，都应该在练习的时候想好，解决掉、总结好。

① 了解工作量，规范设计步骤（时间短，步骤要清晰）。

② 工具准备：一字尺，笔，纸等准备好。千万不要带所有的色彩笔上考场，要预先挑选好几个色系的笔，并记住笔号。画什么部分用几号笔，一定要先在考前试验好。

③ 认识自己的能力，合理分配时间，按顺序为：方案 1.5 小时—柱网轴线 0.5 小时—首层平面图 40 分钟—主立面图 20 分钟—透视图 1 小时之内—二、三层平面图共 40 分钟—总平面图 0.5 小时—次立面图 10 分钟—剖面图两个共 10 分钟，机动时间 0.5 小时，各段时间包括上色时间。之所以先画主立面和透视，因为除了首层平面外，透视是最重要的，而画透视的话，先得把主立面画出（透视蒙在主立面上画一点透视）。先把这几个最重要的画完，心理压力可以减少很多，然后剩下的时间再画那些相对次要的图。卡好时间，每画一个图就记下时间，到全套图完成以后，反思自己在哪些图的绘制上超时较多，以后有针对性地提高。

④ 选择一定的表达方式，一定要在考前设计好每一部分的画法（形状和颜色搭配）：图框、构图、标题、图名、比例尺、指北针、树、人等配景……能先准备的一定先准备好，配景要简单易画。墙体的表现方式：两根单线，涂黑；小型公建的楼梯布局方法及细部；入口前导空间的处理方法；体块减法手法；表皮细部：清水混凝土、大玻璃划分、百页的用法等等一并准备好。

⑤ 要给自己准备一份备忘录，包括：（a）你要画哪些图，图名、比例尺、说明、指标计算、指北针、剖切符号、卫生间等容易忘记的内容，不要漏项。（b）要带什么东西，列一份清单，上考场前校对一遍。

平时练习怎么画，考试时就怎么画！厚积薄发！

7.5.2　关于方案的训练

方案的能力：这是一项长期而艰巨的任务。考研复习的时间大概最多十个月。要想在这段时间内从根本上提高方案能力是不可能的。但是经过一定量的系统的科学的训练还是可以取得很大进步的。

基本概念：“快题考得是基本功，不是创新和创作”。很多人太强调理念，快题里面要尽量少做。因为很多理念是要牺牲一部分功能和使用的，而功能是快题评图时候的重要标准。当然，在满足功能的前提下尽力有理念，还是鼓励的。“把最基本的功能、结构处理好，即可 80 左右（满分 100），若想再高分，就要体现建筑性格”。

7.5.3　考试过程

设计过程上步步为营，不要彻底地否定原来方案；以任务书为准，强调客观的正确性，以简单、熟悉的方法处理设计问题和表达设计图纸，应符合规定要求，注意比例。

1. 审题

通常任务书中除了明确地表达了对本设计的要求之外，还会暗示一些要求，以便考察学生的分析和思考能力，因此考生必须认真阅读任务书，挖掘其弦外之音。

①对基地的正确分析，道路等级的区分，周边的环境因素，确定主要入口。

②注意规划条件。

③注意基地内的特有因素，比如河道、保留物。

④正确理解任务书的功能要求，比如：闹静的分区、有景观要求的房间、朝向、大空间的关系和安排、交通流线的组织、空间的序列等。还有一些细节问题，如教室注意南北向；美术书法教室等应北向采光或利用天窗；大空间的报告厅（人流、入口关系）不应放于偏僻处（若是，应考虑对外交通关系），最好放于一层并注意其对整体的功能和形态的影响。公共洗手间的布置和建筑出入口的处理也是老师会注意的地方。

⑤空间丰富有变化，有层次感，有内容，这是较高的要求。

2. 建筑设计

必须符合功能要求和规范，主要入口和主要交通空间是关键，比如门厅和主要垂直交通的安排，注意空间等级的区分和布局。注意大空间在建筑形体中的位置，涉及功能的合理和形体的完整统一，建议平面采用具有一定模数关系的网格系统，有利于和谐统一；形体不要过于复杂，尤其尽量少用曲线和弧线，若要用的话，也要安排在无关紧要的空间，便于结构的布置。就不要再追求图面的花哨和新颖，把平面做得充实一点，把细节想得深入一点，把你的想法表达得充分一点，这些都是老师看图的依据，往往看到那些别人没有且很人性化的东西，都是老师给你高分的理由。

3. 设计表达

① 构思好以后，就该把轴线柱网打出来，用来做正式平面的架子。

② 画首层平面图，比例尺一般为1∶200，要有环境，最好是用环境挤出建筑平面来。让建筑和周围环境处在不同的层次上。推荐留白建筑内部，涂满建筑外部环境的画法。树、草、铺地、水面都是提前设计好的模式，环境整体要成面，忌散。主、次入口要强调出来。可画个黑三角，写上：主入口、次入口。

③ 主立面图，1∶200，细致一些，因为透视就要用到主立面，配景成面，忌散。注意配景层次和轮廓线。阴影上重色马克笔。

④ 透视图，前面已有论述。

⑤ 剖面图要清楚，女儿墙、室内外高差必须明确，梁柱关系清晰，标出标高。

⑥ 分析图，有要求或者有剩余时间时可画分析图，能体现个人的素质。

⑦ 每个图要一次性完成，不要这个平面画到一半，就去画那个立面，搞到最后，很有可能在慌乱中漏掉一些东西。每张图在图画完以后，就把大标题、房间小字等写上。

⑧ 注意一定表达有效的线，在有效的线的基础上美化表达。一般而言，优先用徒手，更能显示你的建筑修养，根据题目的要求，若要用颜色的，尽量采用色块，颜色不宜多，表达要扬长避短，运用个人擅长的手法。图纸整体效果最重要，其效果的好坏直接关系老师是否会多看几眼。但是什么事情都要有个度，提倡功力深厚的图面表达，反对太过个性化的表现方式，老师会看得太多，也就发现的毛病越多，反而不利。

7.5.4　细节若干

① 图纸打上黑边框（考前就做好），大标题旁边写上图号（1、2、3……）。

② 考试中画过的草图纸不要揉成一团扔掉，画到后期很可能要用到最开始画的草图。

③ 最好能留出时间最后检查一下，会发现一些不必要的硬伤。

④ 小透视也准备几个，室外一角、室内空间可以是准备好的，考场上有时间的话就尽量画出来。透视画的越多，显得你的表达水平越高，越从容。

⑤ 用地边界关系，每根线都有其代表含义（草地、铺地之间的线——材质变化；台阶、建筑之间的线——高度变化）。标清建筑层数，停车位设计时车子应该能开进去而不是排进去。注意车道宽度、转弯半径和车子的放置方式，车位的尺寸一般为2.5m×5.5m，前面要留出6m宽的空间！注意比例，同时首层平面图上的剖断线和总平面图上的指北针不能忘了画。

7.5.5　建筑设计注意要点

1. 文化馆建筑设计要点

（1）闹静分区合理

由于文化馆的功能特点是房间内容众多，空间形式多样；项目变化日新月异，一些活动场所如舞厅、观演厅人流量大、集散时间集中，要求有对外的单独出入口；一些游艺活动趣味性强，易吸引群众，人流活动频繁，噪声较大，对其他活动有干扰；还有些活动场所如学习辅导用房、试听教室等要求安静程度较高，需要相对独立，等等。总之，文化馆的建筑设计首先要做好功能分区，使闹静相对集中。其次，为适应文化馆的功能特点，某些用房设计应有较大的适应性和灵活性。

（2）空间体型富于变化

文化馆建筑性质决定了它的内部空间形态丰富，外部造型活泼。为创造适合文化馆建筑个性的空间形态，常常结合功能组织采用分散与集中式布局。前者外部空间丰富，建筑造型高低错落；后者着重在内部空间处理上，常采用流通空间的手法。

2. 餐饮建筑设计要点

（1）处理好流线

顾客进入餐厅的流线应通顺，且途经的空间要富于变化，而送餐流线要有单独的通道，避免与顾客流线的交叉。厨房内部的流线应按照操作流程布置。

（2）做好平面功能布局

餐厅应选择较好的景观方向，而厨房位置应该隐蔽，且各自都与主、次入口有方便的联系。两者宜紧邻而避免通过长过道联系。

（3）当有中餐和西餐等多个餐厅时

应有各自的厨房分别与各自的餐厅相连，且送餐时不可互相交叉。而顾客进入餐厅时，不可出现穿套现象。

3. 展览建筑设计要点

① 处理好"三线"。展览建筑的"三线"即流线、光线、视线。对于快速设计而言，重点在流线设计上，要求顺时针方向布置展线，避免迂回交叉，在流线上合理布置休息、厕所等公共空间。

② 展厅空间应适应不同展览内容需要，做到灵活、多变、可分可合。

③ 在造型上考虑展览要求，墙面要以石墙为主，但应与适当的需要结合起来进行整体的立面设计。

4. 旅馆建筑设计要点

① 注重旅馆建筑的各个组成部分（公共活动、标准客房层、后勤管理）的功能分区，并保证各自与外部的有机联系。

② 特别要重视标准客房层的合理设计，平面形式要结合造型、结构、消防、景向、朝向、每层客房数量等因素综合进行考虑。

③ 合理解决垂直交通布局的方式与位置。

④ 公共活动部分包括多功能厅、各类餐厅、娱乐设施、健身设施、商务中心、商店等，应功能分区明确，设计手法灵活。

⑤ 结合门厅、大堂的精心设计做到功能合理、空间富于特征。

5. 观演建筑设计要点

① 合理处理观众厅、休息厅、舞台、后台等几个主要空间功能关系，组织好人流集散。

② 选择合理的观众厅平面与剖面形式，有利于试听条件的满足。

③ 合理进行舞台、侧台、后台三者的平面布局，有利于满足演出的要求。

6. 商业建筑设计要点

① 根据有关条件合理确定柱网。

② 合理布置垂直交通体系，做到分布均匀，与出入口的关系要紧密。

③ 造型应反映商业气氛，注意展示广告对建筑的要求。

④ 出入口前的室外环境设计满足人流集散要求。

7. 居住建筑设计要点

① "公共"与"私密"的相对分区应合理，各房间的平面组合关系要紧凑，符合人的居住生活习惯和秩序。

② 对于别墅等高级居住类建筑，在平面功能合理的前提下，努力创造丰富的空间形态和造型特色。

③ 朝向。

后记

　　本书是由手绘基础逐步提升到快题成图表现的教程，为了不让同学们在学习时感到枯燥和乏味，书中尽可能地做到了深入浅出、通俗易懂和图文并茂。

　　本书中的设计来自作者和作者的学生。因设计时严格按照考研时间限制，难免存在一些不足之处，现都已做出了简短评析，同学们可参阅借鉴，望各位读者取其精华去其糟粕，将设计中的错误化为自己的经验。需要说明的是，原作品中的1∶500、1∶200等比例尺的标准，因成书排版印刷的原因作了缩放，故仅供参考。

　　希望本书能为同学们在手绘表现及快题设计上起到推动作用，热忱期望大家在设计道路上走得更远，这将是我们最大的欣慰。

图书在版编目（CIP）数据

建筑表现技法／刘寒芳主编．— 北京：中国建筑工业出版社，2014.12 （2024.2 重印）
ISBN 978-7-112-17226-9

Ⅰ.①建…　Ⅱ.①刘…　Ⅲ.①建筑设计　Ⅳ.①TU2

中国版本图书馆CIP数据核字（2014）第203425号

　　《建筑表现技法》是一本手绘技法学习与建筑快题设计相结合的训练教程，不同基础的人员都可从中获得所要学习的知识。本书通过线条、空间透视关系处理、配景组织与刻画、效果图临摹与写生、平面图与效果图之间的转化等训练，达到对手绘技法的准确掌握和对建筑手绘语言的熟练应用。同时书中收集了历年考取清华大学、东南大学、同济大学等建筑专业学生的优秀作品，并配以快题任务书和方案评析，使读者能够更好地理解快题方案的优劣。本书可作为高等学校建筑学、城乡规划、环境艺术设计等专业的建筑表现课、建筑快题设计课教材，也可作为学生考研、参加工作笔试的辅导用书。

责任编辑：石枫华　兰丽婷
责任校对：陈晶晶　关　健

建筑表现技法

主　编　刘寒芳　副主编　吴　瑞
　　　　　＊
中国建筑工业出版社出版、发行（北京西郊百万庄）
各地新华书店、建筑书店经销
北京京点图文设计有限公司制版
北京中科印刷有限公司印刷
　　　　　＊
开本：880×1230毫米　横1/16　印张：11½　字数：354千字
2015年1月第一版　2024年2月第五次印刷
定价：80.00元
ISBN 978-7-112-17226-9
　　　　（25988）